常见人兽共患寄生虫病防控知识图谱

刘荣启　张秀香　林润昌　袁子国　主编

中国农业大学出版社
·北京·

内容简介

本书从科学角度出发，系统介绍了22种常见人兽共患寄生虫病病原体的特征、传播途径及防控措施，通过直观图片和通俗易懂的文字，并辅以专业解读，向读者普及防控知识，降低人兽共患寄生虫病发生的风险，探讨防控人兽共患寄生虫病对我国公共卫生安全的重要性。

随着伴侣型宠物和异宠的普及，人们与动物的接触日益频繁，带来了潜在的寄生虫传播风险。本书不仅适合普通读者了解动物相关寄生虫病的基本知识，也可作为动物防疫人员和动物诊疗机构从业者的实用参考资料，还可为宠物行业的健康发展和公众健康提供有力支持。

图书在版编目（CIP）数据

常见人兽共患寄生虫病防控知识图谱 / 刘荣启等主编 . -- 北京：中国农业大学出版社，2024.11. --ISBN 978-7-5655-3341-9

Ⅰ. R535-64

中国国家版本馆 CIP 数据核字第 2024VQ6575 号

书　名　常见人兽共患寄生虫病防控知识图谱
Changjian Renshou Gonghuan Jishengchongbing Fangkong Zhishi Tupu

作　者　刘荣启　张秀香　林润昌　袁子国　主编

策划编辑　赵　艳　　**责任编辑**　赵　艳　蔡恩嘉　刘艳平
封面设计　中通世奥图文设计中心
出版发行　中国农业大学出版社
社　址　北京市海淀区圆明园西路 2 号　　**邮政编码**　100193
电　话　发行部 010-62733489, 1190　　读者服务部 010-62732336
编辑部 010-62732617, 2618　　出　版　部 010-62733440
网　址　http://www.caupress.cn　　**E-mail** cbsszs@cau.edu.cn
经　销　新华书店
印　刷　天津鑫丰华印务有限公司
版　次　2024 年 11 月第 1 版　　2024 年 11 月第 1 次印刷
规　格　170 mm × 240 mm　　16 开本　　7.75 印张　　149 千字
定　价　78.00 元

编写人员

主　编　刘荣启　深圳市农产品质量安全检验检测中心
张秀香　华南农业大学
林润昌　深圳市农产品质量安全检验检测中心
袁子国　华南农业大学

副主编　杨子鹏　华南农业大学
林博文　深圳市农产品质量安全检验检测中心
高悦鹏　深圳市农产品质量安全检验检测中心
袁　浩　华南农业大学
宋伊宁　华南农业大学
李勇生　密山市中心血库
张雅婷　密山市正德医院

参　编　李文豪　华南农业大学
何厚劲　华南农业大学
聂林冲　华南农业大学
杨留禄　华南农业大学
林瑞庆　华南农业大学
李浩欣　华南农业大学
黄小容　华南农业大学
文青元　华南农业大学
杨坤梅　华南农业大学
王祥和　华南农业大学
任宏杰　华南农业大学
金梦圆　华南农业大学
魏文丽　华南农业大学
王雪凡　华南农业大学
向霞峰　华南农业大学
程　畅　华南农业大学
陈思雨　华南农业大学

任照文　华南农业大学
赵梦坡　华南农业大学
杨静欢　华南农业大学
郑立佳　深圳市农产品质量安全检验检测中心
贺萌萌　深圳市农产品质量安全检验检测中心
车　军　深圳市农产品质量安全检验检测中心
蔡顺萍　深圳市农产品质量安全检验检测中心
林其达　深圳市农产品质量安全检验检测中心
徐　彬　深圳市农产品质量安全检验检测中心
李　繁　深圳市农产品质量安全检验检测中心
施小刚　四川卧龙国家级自然保护区管理局
唐　卓　四川卧龙国家级自然保护区管理局
赵　萌　南宁市动物园
陈崇涛　南宁市动物园
王晓虎　广东省农业科学院动物卫生研究所
罗胜军　广东省农业科学院动物卫生研究所
戚南山　广东省农业科学院动物卫生研究所
张　翩　广东省农业科学院动物卫生研究所
谭杰兴　南方医科大学南方医院
杨玉荣　河南农业大学
翟瑞娜　山东农业大学
叶勇刚　四川省畜牧科学研究院
李秀珍　连州市动物卫生监督所
赵春艳　博罗县农业农村局
陈宝玉　吉林大学
李加宇　云南农业大学
颜　超　徐州医科大学
陈小庆　江西农业大学
高俊峰　黑龙江八一农垦大学
胡海燕　杜尔伯特蒙古族自治县畜牧技术服务中心
李晓敏　哈尔滨北方森林动物园
陈绚姣　广州动物园
邓　艳　广州白云机场海关

前 言

人兽共患寄生虫病的防控是关乎畜牧业健康发展、人民群众身体健康、公共卫生安全乃至国家生物安全的重要问题之一。随着人们生活水平的不断提高、人口老龄化加速及青年群体兴趣的多样化，宠物愈发成为许多家庭中的重要成员。宠物日益融入人类的生活，从犬、猫等伴侣动物到各种新奇宠物，它们不仅带来情感陪伴，也成为人们日常生活的重要组成部分。然而，随着宠物种类和数量的增加，人类与这些动物之间的接触更加紧密，随之而来的公共卫生风险也逐渐显现。人兽共患病，尤其是人兽共患寄生虫病，成为公众健康安全的潜在威胁。人类与宠物在共享生活空间的同时，也可能无意中“共享”了一些病原体，这些病原体在动物与人类之间传播，可能影响个人健康，甚至在更大范围内威胁公共卫生。面对这些潜在风险，系统地研究、分析和普及人兽共患寄生虫病的知识，对于保障公共卫生、提高人们的健康防护意识至关重要。

为了落实习近平总书记关于“人病兽防、关口前移，从源头前端阻断人兽共患病的传播路径”的重要指示精神，本书通过普及常见人兽共患寄生虫病的防控知识，帮助读者通过直观的图片和通俗易懂的文字掌握基本的疾病防控方法。我们希望通过本书，帮助广大公众、动物防疫和诊疗的专业人员了解人兽共患寄生虫病的传播途径和防控措施，降低此类疾病的传播风险，保障公共卫生安全。

本书重点聚焦常见的人兽共患寄生虫病，以图谱的形式详细介绍了寄生虫的分类、感染途径、感染临床表现及对人类和动物的危害。此外，书中还提供了丰富的防控措施建议，帮助读者在日常生活中有效预防和应对寄生虫感染，通过图文并茂的呈现方式，使读者可以直观了解寄生虫病的基本知识和防控手段。本书通过图谱形式，生动地展示寄生虫的形态、传播途径和生活史等信息，使专业性较强的内容浅显易懂。同时，本书内容兼顾科学性和实用性，既有基础知识，也包含一定的专业内容。通过这种多层次的设计，我们希望全面覆盖从预防、诊断到防控的各个环节，为读者提供系统的防控指导，帮助读者理解宠物可能带来的健康风险，并在日常生活中应用，提高自身及家庭的健康水平。对于从事动物防疫和诊疗的专业人员，本书可作为方便携带的参考资料，为他们的实际工作提供科学依据和技术支持，提高他们人兽共患寄生虫病的防控能力。

人兽共患寄生虫病的防控需要增强个人和宠物的卫生意识，采取定期检查、驱虫和保持良好卫生等措施，从源头上降低感染风险。读者在学习和使用本书时需要注意，书中的图谱和解读主要是为帮助理解寄生虫的形态特征、传播途径及基础防控措施，不能替代专业人士或机构的诊断和治疗。在发现宠物或个人出现疑似症状时，应及时寻求专业的医疗帮助。

人兽共患寄生虫病的防控事关家庭健康与公共卫生安全。本书希望通过系统的图谱与深入浅出的解读，为读者提供实用的寄生虫病防控知识，提升公众的卫生意识，降低其对家庭健康和社会稳定的潜在威胁。我们相信，只有增强防控意识，掌握科学有效的防控措施，才能实现人宠和谐共生，促进社会的健康发展。

编　者

2024 年 10 月

目　录

第1章 概述

1.1 人兽共患传染病

人兽共患传染病(以下简称人兽共患病)是指能够在人类和脊椎动物之间自然感染和传播的疾病。这类疾病由各种病原引起,包括病毒、细菌、真菌和寄生虫等,已知的种类超过 200 种。这些疾病不仅直接威胁人类和动物的健康,也对畜牧业及全球经济产生深远影响。公众熟知的人兽共患病包括狂犬病、炭疽(由图 1-1 中炭疽杆菌引起)、链球菌(图 1-2)病、布鲁氏菌病、结核病、高致病性禽流感和流行性乙型脑炎等。近年来,随着严重急性呼吸综合征(SARS,又称传染性非典型肺炎)、甲型 H1N1 流感、中东呼吸综合征(MERS)和新型冠状病毒感染等全球性传染病危机的暴发,这类疾病的传播及其对公共卫生和动物保护的挑战进一步凸显。

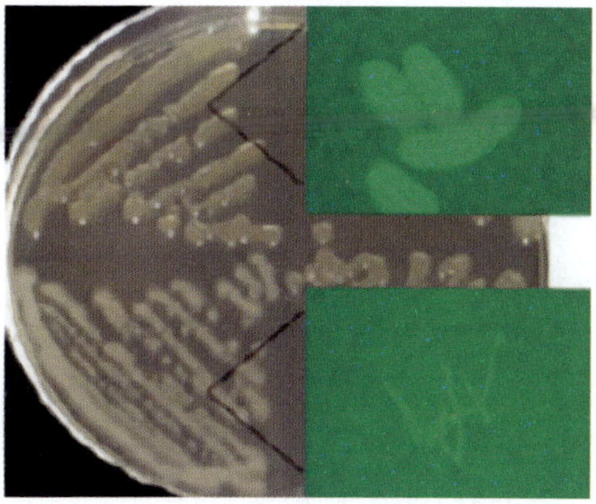

图 1-1 平板中的炭疽杆菌菌落
(引自:Koehler,2009)

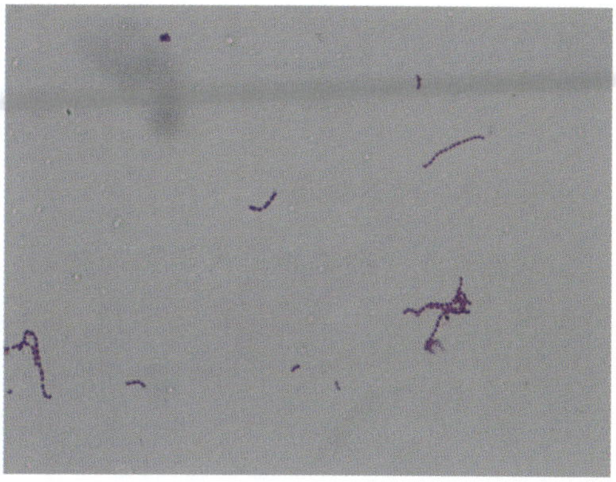

图 1-2 显微镜下的链球菌(10×100 倍)

人兽共患病不仅危及人类和动物的生命健康,导致致命感染、慢性疾病及机体功能障碍,还会带来广泛的社会和经济挑战。这类跨物种的疾病由各类病原的交叉感染引发,能在人与动物之间悄然传播(图 1-3),造成公共卫生安全事件,并给畜牧业等关键经济部门带来深远影响。这些疾病将人类生活环境与动物生态系统紧密相连,任何一方的生态失衡都可能导致疾病的传播和暴发。近年来,人们日益关注人兽共患病对公共健康和全球经济的威胁，这一问题已成为公共健康和全球经济发展的重要挑战。

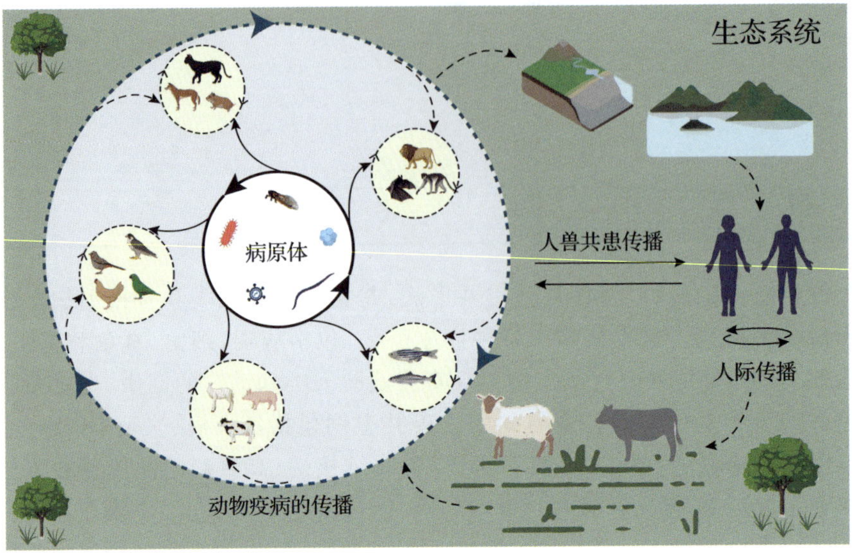

图 1-3 人兽共患病传播示意图

1.2 人兽共患寄生虫病

1.2.1 基本概念

某些寄生虫能够感染人类和动物，具备跨物种感染的能力，被归类为人兽共患寄生虫。这些寄生虫不仅危害动物，也威胁人类健康。例如，在寄生虫中危害性仅次于疟原虫的日本分体吸虫，其成虫不仅寄生于多种家畜和野生动物，还可寄生于人体（图 1-4），对人类健康、农业生产及农村发展造成严重影响。

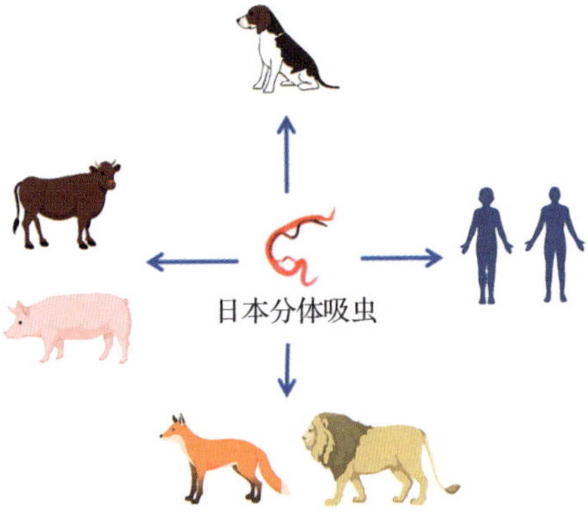

图 1-4 日本分体吸虫的易感动物

人兽共患寄生虫病是指在人类与脊椎动物之间自然传播的寄生虫病，属于人兽共患病的重要分支。在公共卫生学上具有重要意义，并与医学密切联系。这类疾病不仅反映出寄生虫病原体之间复杂的生物学关系，还凸显了人类、家畜、野生动物与环境之间的密切互动。据不完全统计，目前已知的人兽共患寄生虫病约有 70 种，其中较为常见的约有 30 种。这些疾病不仅直接威胁人类健康，还对家畜、野生动物健康和社会经济发展产生重大影响。

1.2.2　寄生虫与宿主

1.2.2.1　寄生生活

自然界有一类低等动物，在它们全部或部分的生活过程中，必须暂时或长期寄居在另一种动物的体内或体表，通过获取宿主的营养物质、体液或组织来维持自身的生命活动，同时对宿主造成不同程度的危害，这种生活方式称为寄生生活。

在漫长的生物进化过程中，由于生活条件和生理结构的差异，各种生物在生态上形成了显著差异。有些生物适应自由生活（free living），而另一些生物则形成了相互依赖的生态关系，称为共生（symbiosis）。根据双方的利害关系，共生可分为以下 3 种类型（图 1-5）。

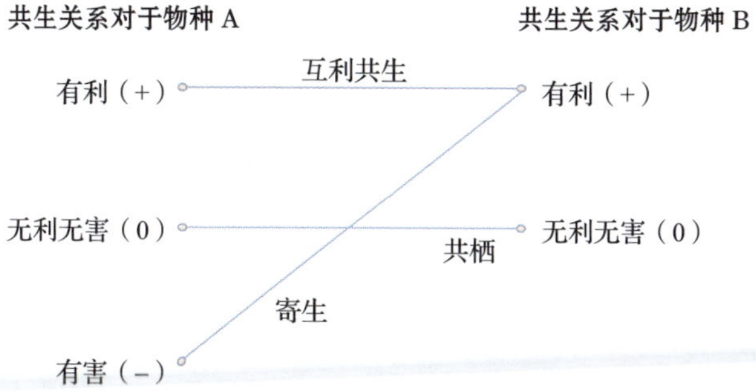

图 1-5　生物相互依赖示意图

(1) 共栖（commensalism）　共栖是指一种生物因生态需要寄居于另一种生物的体内或体表，获取营养或获得保护而生存。在这种寄居关系中，既不回报宿主，也不对其造成伤害。例如，某些鱼类会寄居在鲨鱼的皮肤上，以及燕千鸟（埃及鸻）能帮助鳄鱼清理口腔（图 1-6）。

图 1-6　燕千鸟帮助鳄鱼清理口腔（共栖）

(2) 互利共生（mutualism）　互利共生是指两种生物在营养上相互依赖，彼此受益。若分开，双方会在营养上受损，甚至导致死亡。例如，寄居在反刍动物瘤胃中的纤毛虫，帮助宿主消化植物纤维，死亡后还为宿主提供蛋白质。此外，大肠杆菌在人肠道内帮助分解食物、合成维生素 K，同时从人体获取营养和适宜的生存环境，二者也是互利共生关系（图 1-7）。

(3) 寄生(parasitism)　在两种生物的相互关系中,一方受益而另一方受害,这种现象称为寄生。在寄生过程中,进行寄生生活的生物称为寄生物(parasite),被寄生的生物称为宿主(host)。寄生物暂时或永久地寄居在宿主的体内或体表,由于其失去了部分分解和合成营养物质的能力,需要依靠宿主提供的物质获取营养,即通过吸取宿主的组织液、血液、组织、细胞或胃肠内容物等来生长、发育和繁殖。这种寄生方式会干扰宿主的正常生理功能,并对宿主造成不同程度的危害,引发免疫反应或病理过程,甚至导致宿主死亡(图 1-8)。

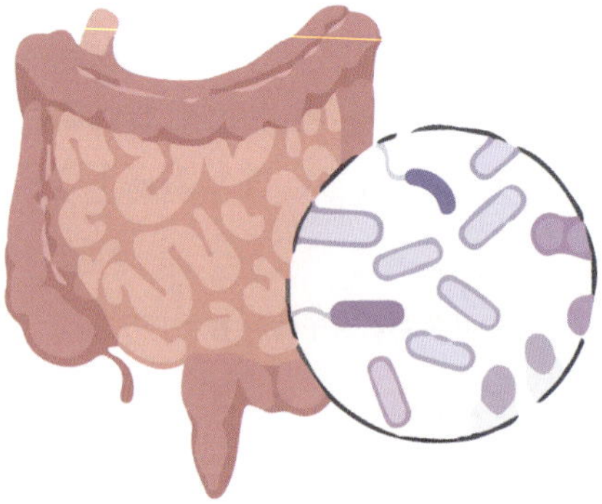

图 1-7　人体肠道内的大肠杆菌
(互利共生)

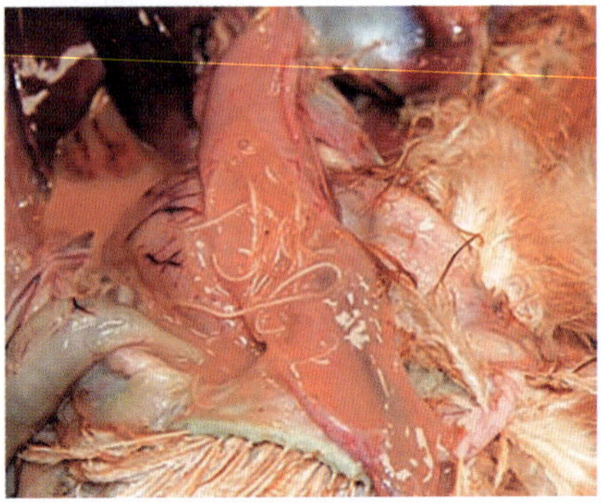

图 1-8　鸡蛔虫病(寄生)
(引自:Elsheikha and Patterson,2013)

广义的寄生物可分为微寄生物(microparasite)和大寄生物(macroparasite)。微寄生物通常个体较小,繁殖速度快,主要包括细菌(图 1-9)、真菌(图 1-10)、病毒(图 1-11)和部分原虫,它们通常在宿主体内完成生命周期,是传染病的主要致病因子。大寄生物个体较大,繁殖速度较慢,主要包括吸虫(图 1-12)、绦虫(图 1-13)、棘头虫(图 1-14)等蠕虫,以及虱(图 1-15)、蚤、蜱等外寄生虫,它们通常以成虫或特定发育阶段寄生于宿主体内或体表,引起寄生虫病。这种分类反映了寄生物不同的生物学特性及其与宿主的复杂关系。

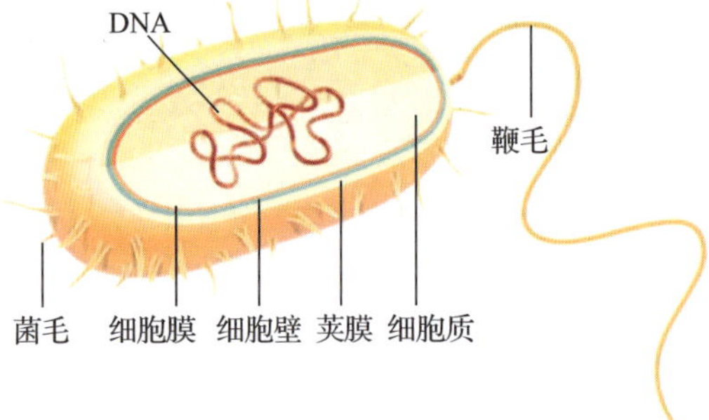

图 1-9　细菌结构示意图
(引自:朱正威和赵占良,2013)

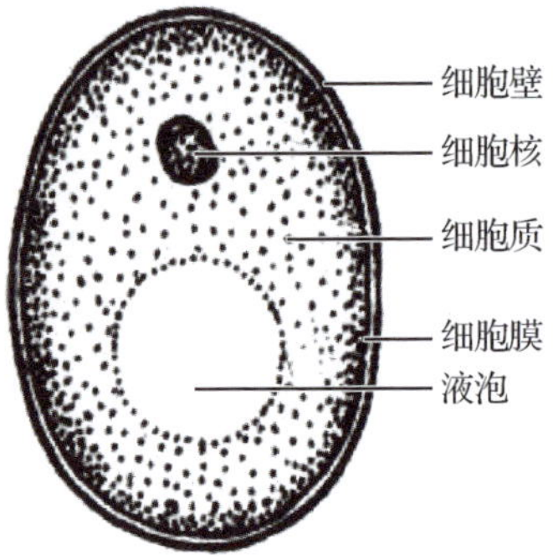

图 1-10　真菌结构示意图
(引自:朱正威和赵占良,2013)

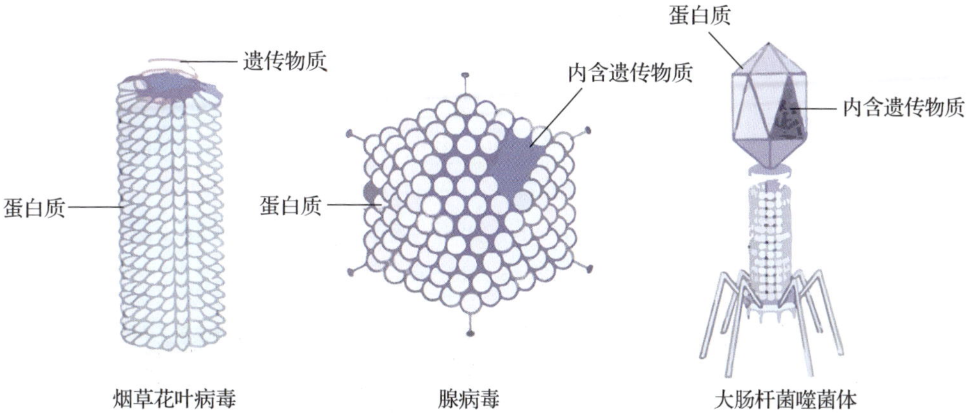

图 1-11　病毒基本结构示意图

（改编自：朱正威和赵占良，2013）

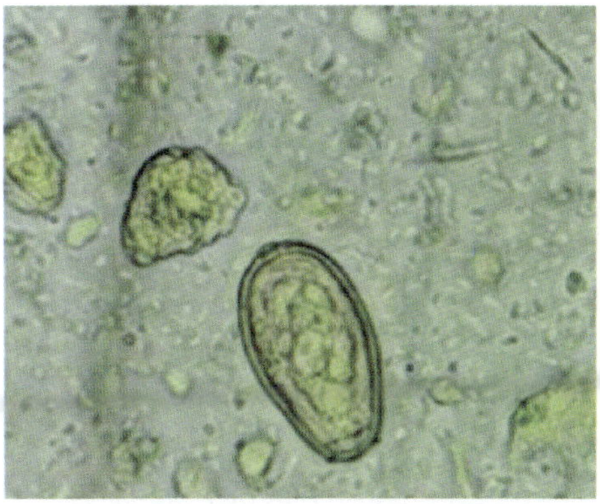

图 1-12　华支睾吸虫卵（400 倍镜下）

（引自：朱明超等，2024）

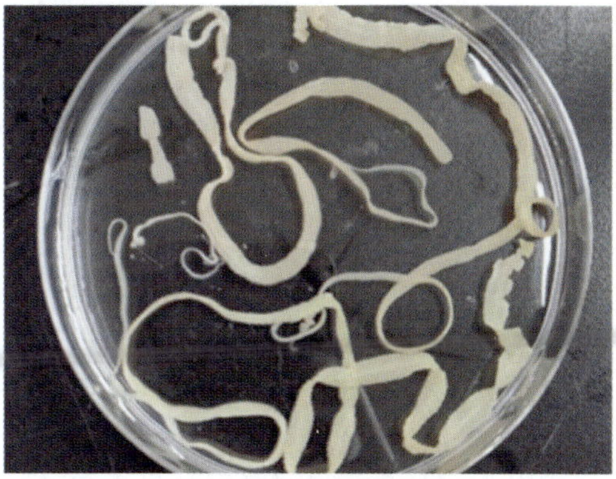

图 1-13　曼氏迭宫绦虫体外实物

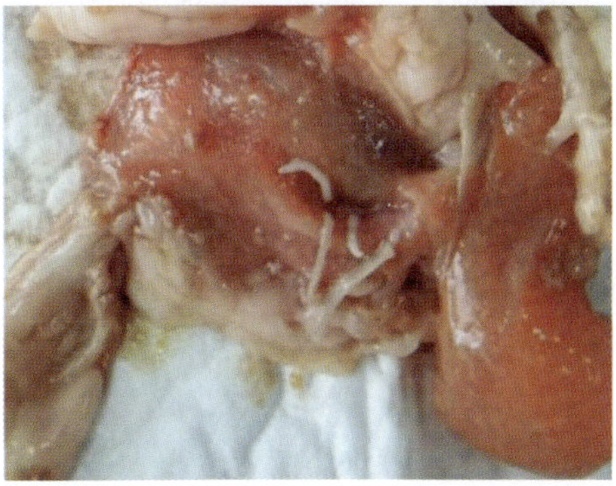

图 1-14　泡吻棘头虫形态学观察

（引自：徐晔等，2023）

图 1-15　虱（体外寄生虫）

1.2.2.2 寄生虫与宿主类型

1. 寄生虫的类型

(1) 内寄生虫与外寄生虫(endoparasite and ectoparasite) 内寄生虫与外寄生虫由寄生部位区分。寄生在宿主内部器官的寄生虫称为内寄生虫(endoparasite),如寄生于消化道的线虫(nematode)(图 1-16)、绦虫(cestode)、吸虫(trematode)等。寄生于宿主体表的寄生虫称为外寄生虫(ectoparasite),如寄生于皮肤表面的蜱(tick)(图 1-17)、螨(mite)、虱(lice)等。寄生在皮肤内的疥螨(*Sarcoptes scabiei*)通常称为外寄生虫。

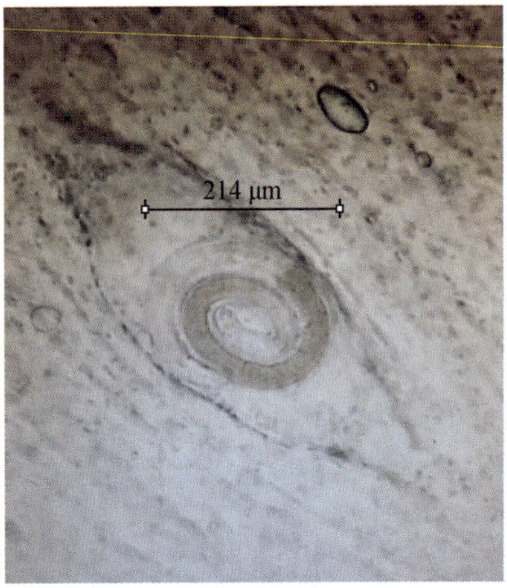

图 1-16 肌肉中的旋毛虫肌幼虫

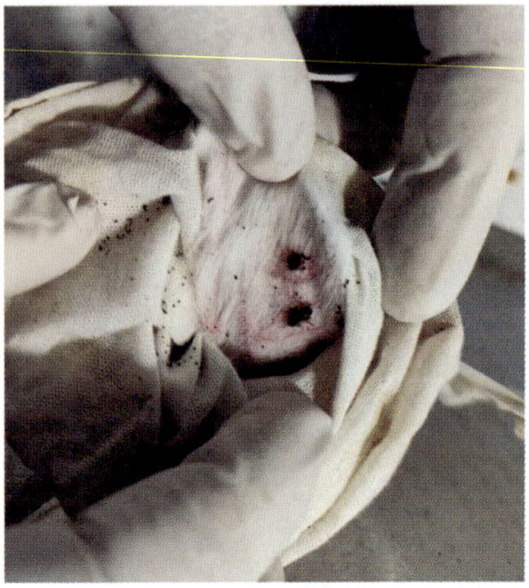

图 1-17 长角血蜱叮咬兔子

(2) 永久性寄生虫与暂时性寄生虫(permanent parasite and temporary parasite) 永久性寄生虫与暂时性寄生虫由寄生时间区分。永久性寄生虫(permanent parasite)是指某个生活阶段无法离开宿主,否则难以存活的寄生虫,如蛔虫(roundworm)等。暂时性寄生虫(temporary parasite)是指仅在获取营养时进行短暂的寄生生活,待摄取足够的营养物质后便离开宿主的寄生虫,如蚊子(mosquito)等。

(3) 单宿主寄生虫与多宿主寄生虫(stenoxenous parasite and polyxenous parasite) 单宿主寄生虫与多宿主寄生虫由宿主范围区分。有些寄生虫只寄生于特定的宿主,对宿主有严格的选择性,称为单宿主寄生虫(stenoxenous parasite)。例如,鸡球虫(coccidia)仅寄生于鸡(chicken)(图 1-18)。有些寄生虫可寄生于多个宿主,称为多宿主寄生虫(polyxenous parasite)。例如,肝片吸虫(*Fasciola hepatica*)可寄生于人类(human)、绵羊(sheep)、山羊(goat)和牛(cattle)等(图 1-19)。多宿主寄生是一种复杂的生物学特性,涉及包括人类在内的多种脊椎动物。这一特性引申出人兽共患寄生虫病(parasitic zoonosis)的概念。

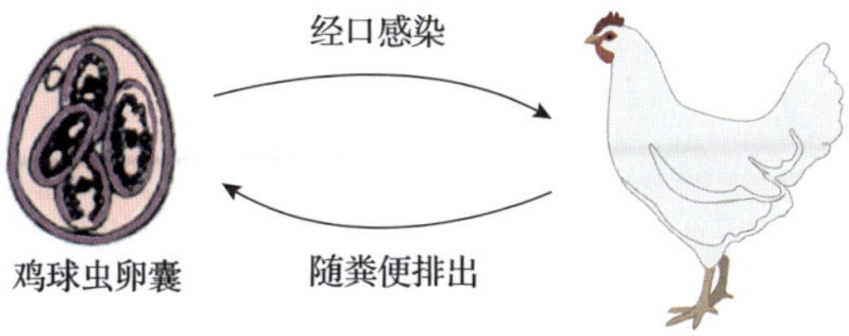

图 1-18 单宿主寄生虫示意(以鸡球虫为例)

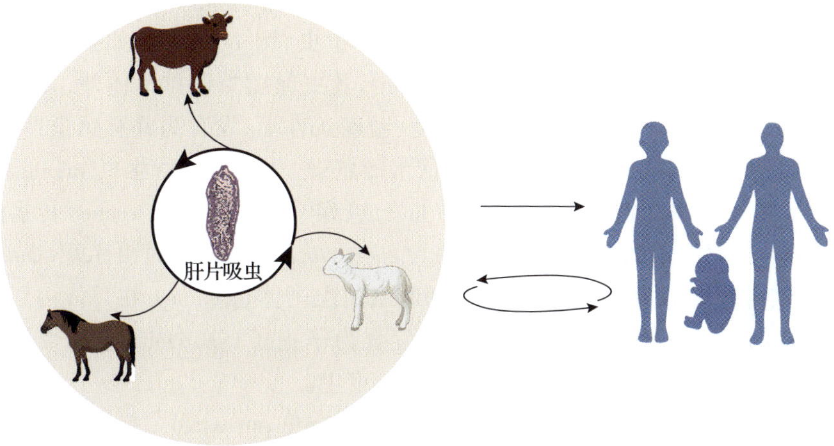

图 1-19 多宿主寄生虫示意(以肝片吸虫为例)

(4) 专性寄生虫与兼性寄生虫(obligatory parasite and facultative parasite) 专性寄生虫与兼性寄生虫由寄生适应程度区分。专性寄生虫(obligatory parasite)是指完全依赖于寄生生活,离开宿主无法生存的寄生虫,如绦虫、吸虫和大多数寄生性线虫(图 1-20)。专性寄生虫也可称为永久性寄生虫。兼性寄生虫(facultative parasite)是指既可寄

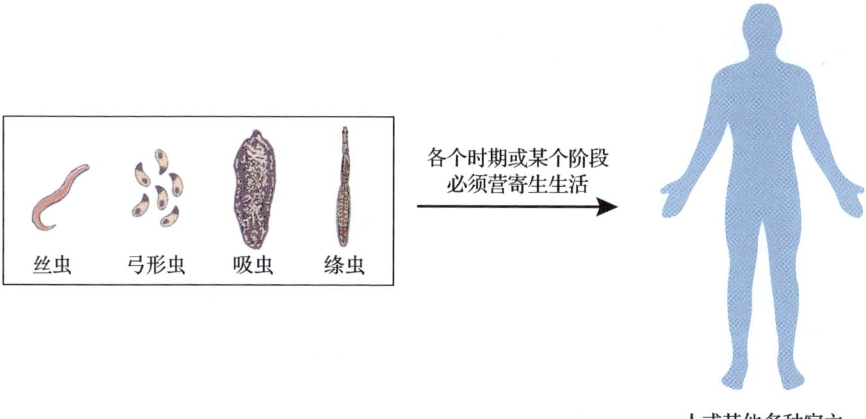

图 1-20 专性寄生虫示例

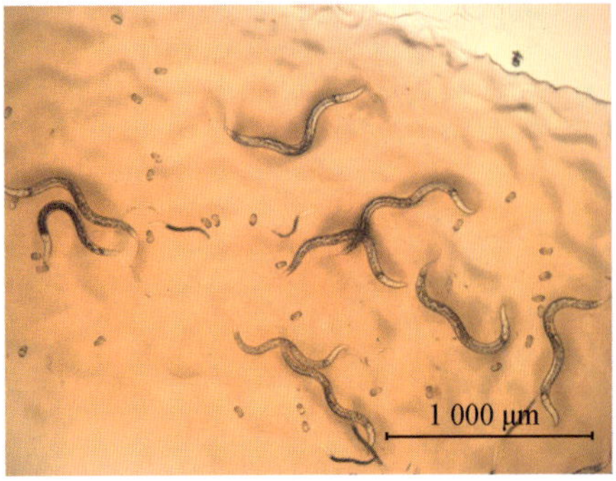

图 1-21 自由生活阶段的类圆线虫

生也可自由生活的寄生虫，如类圆线虫(strongyloide)等(图 1-21 和图 1-22)。

(5) 土源性寄生虫与生物源性寄生虫(soil-borne parasite and organism-borne parasite) 土源性寄生虫与生物源性寄生虫由传播来源区分。土源性寄生虫(soil-borne parasite)是指不需要中间宿主、通过土壤传播的寄生虫(图 1-23)。例如猪蛔虫(*Ascaris suum*)，其虫卵随粪便排出体外，在适宜的湿度、温度条件下，发育为具有感染性的虫卵，猪通过摄食被感染性虫卵污染的饲料和饮水而感染。生物源性寄生虫(organism-borne parasite)是指通过中间宿主(intermediate host)或媒介昆虫(insect vector)传播的寄生虫(图 1-24)。例如，鸡的卡氏住白细胞虫(*Leucocytozoon caulleryi*)由库蠓(*Culicoides*)传播。库蠓叮咬病鸡后，摄入卡氏住白细胞虫的配子体(gamete)，在其体内经过配子生殖(gametogony)和孢子生殖(sporogony)发育为子孢子(sporizoite)。携带子孢子的库蠓再次叮咬鸡时，将卡氏住白细胞虫传染给宿主。

(6) 机会致病性寄生虫(opportunistic pathogenic parasite) 有些寄生虫在宿主体内通常处于隐性感染状态，但当宿主免疫功能受损时，虫体会大量繁殖并表现出强致病力，称为机会致病性寄生虫，如隐孢子虫(*Cryptosporidium* sp.)(图 1-25)。

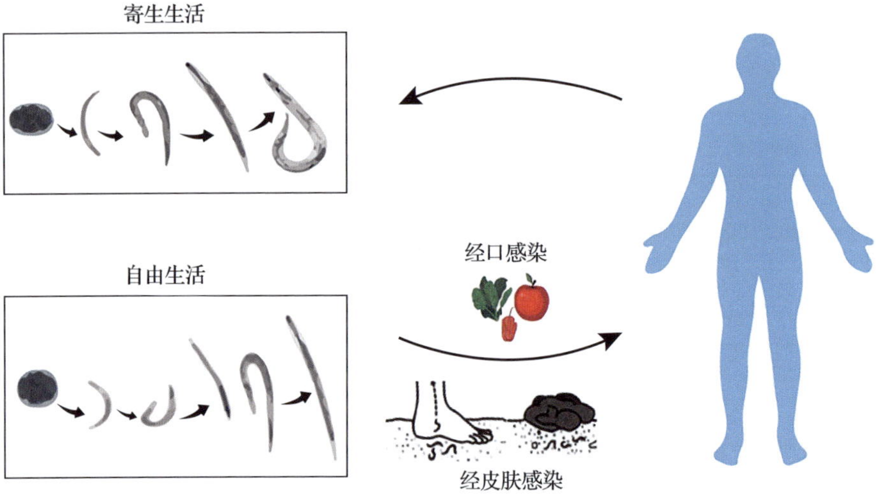

图 1-22 兼性寄生虫的类圆线虫示例

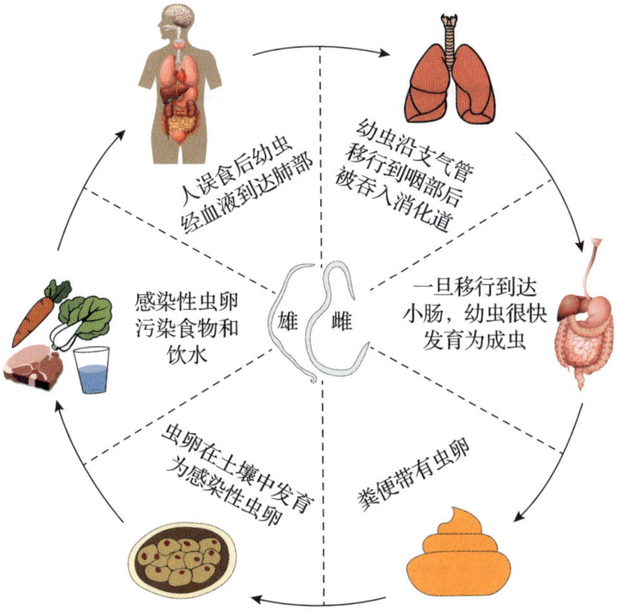

图 1-23 土源性寄生虫示意（以蛔虫为例）

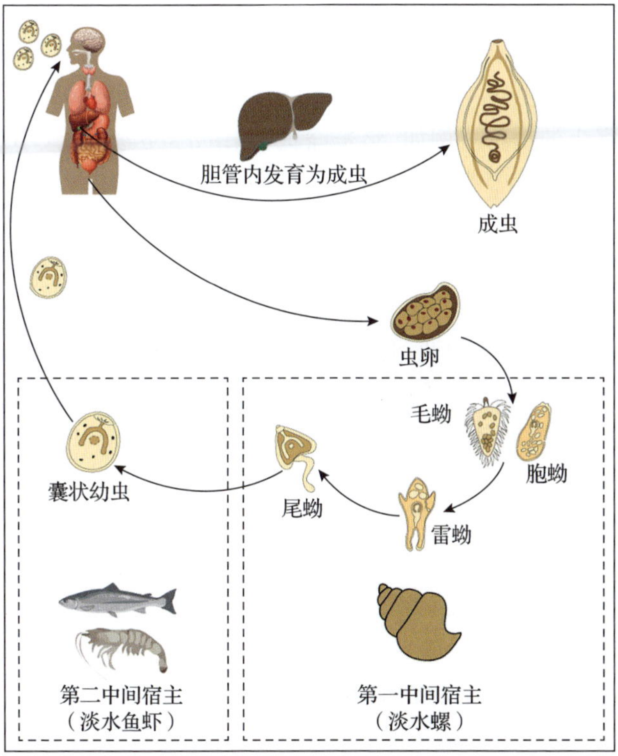

图 1-24 生物源性寄生虫示意（以肝片吸虫为例）

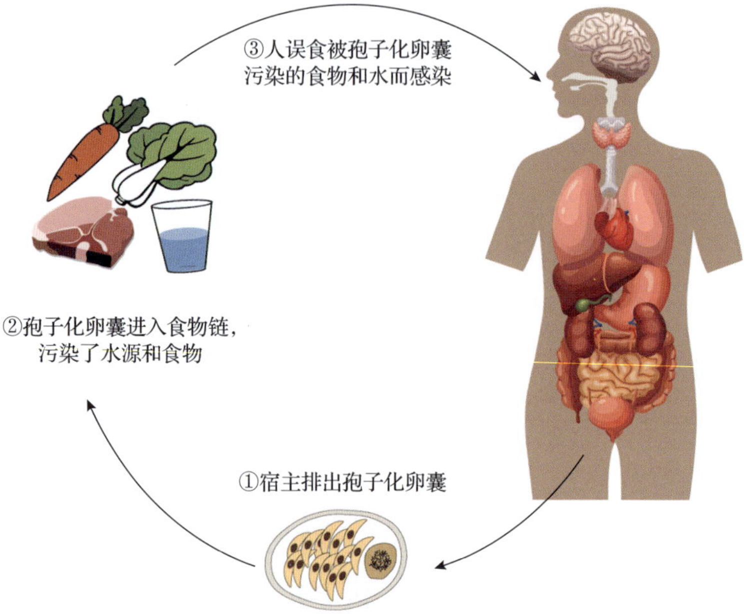

图 1-25 机会致病性寄生虫(以隐孢子虫为例)

2. 宿主的类型

(1) 终末宿主(definitive host) 终末宿主指寄生虫成虫(adult)及有性生殖阶段(sexual stage)所寄生的动物。例如，猪带绦虫(*Taenia solium*)在人小肠内完成其完整的生命周期，因此人是猪带绦虫的终末宿主(图 1-26)；弓形虫(*Toxoplasma gondii*)的有性生殖只能在猫科动物的小肠内完成，因此猫科动物是弓形虫的终末宿主。

(2) 中间宿主(intermediate host) 中间宿主指寄生虫在幼虫阶段(larval stage)及无性生殖阶段(asexual stage)所寄生的动物。例如，猪带绦虫的囊尾蚴(*Cysticercus cellulosae*)寄生于猪肌肉中，因此猪是猪带绦虫的中间宿主(图 1-26)；弓形虫的无性生殖阶段存在于猪、羊等温血动物体内，因此猪、羊等动物是弓形虫的中间宿主。

(3) 补充宿主或第二中间宿主(complementary host or second intermediate host) 某些种类的寄生虫在发育过程中需要两个中间宿主，第二中间宿主又称为补充宿主。例如，双腔吸虫(*Dicrocoelium* sp.)在发育过程中依次在蜗牛和蚂蚁体内发育，因此其补充宿主为蚂蚁(图 1-27)。

(4) 贮藏宿主(storage host) 贮藏宿主也称为转运宿主(transport host)或转续宿主(paratenic host)，即寄生虫虫卵(eggs)或幼虫(larvae)存在于宿主体内，虽不进行发育，但仍保持感染性。这类宿主在流行病学研究中具有重要意义。例如，鸡异刺线虫(*Heterakis gallinae*)的虫卵被蚯蚓(earthworm)吞食后虽然不发育，但保持感染性；鸡在吞食含有虫卵的蚯蚓后可被感染，因此蚯蚓是鸡异刺线虫的贮藏宿主(图 1-28)。

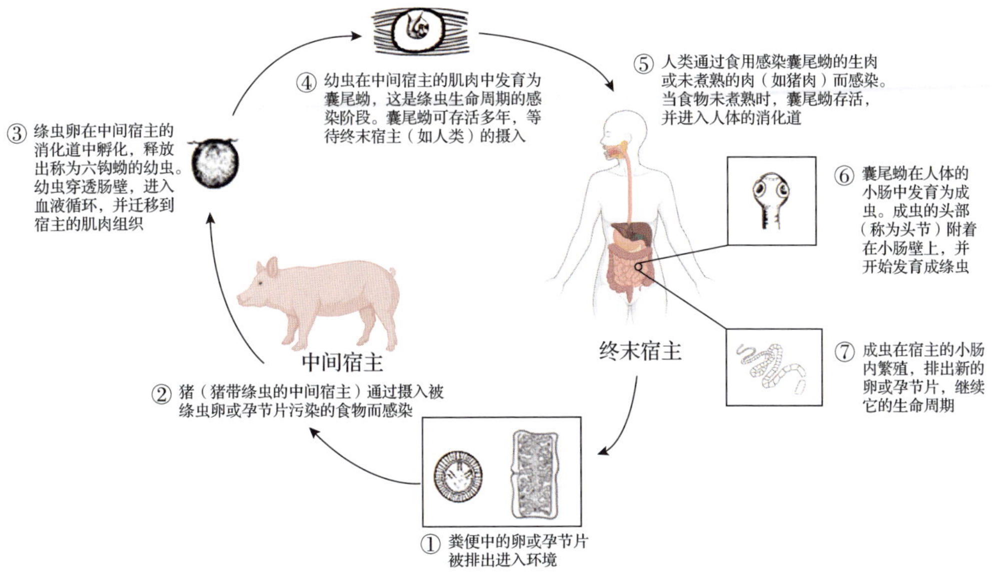

图 1-26 寄生虫终末宿主、中间宿主示意

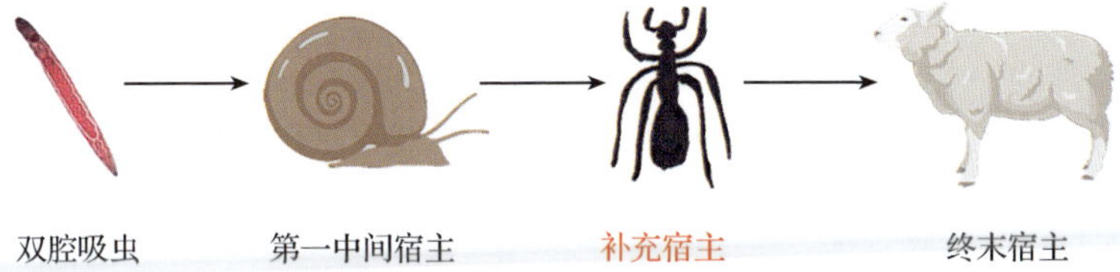

图 1-27 双腔吸虫的补充宿主示意

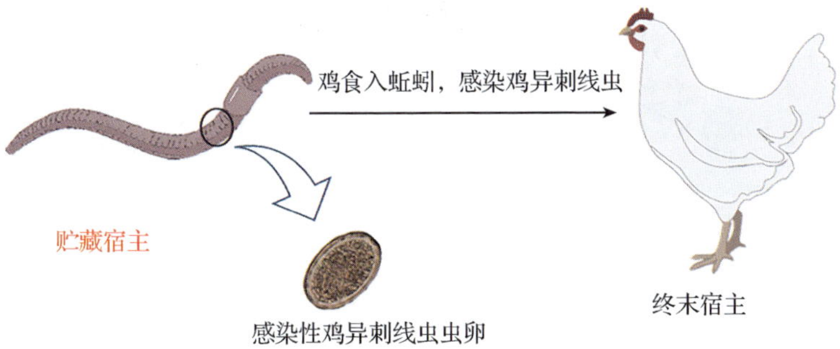

图 1-28 鸡异刺线虫的贮藏宿主示意

(5) **保虫宿主**(reservoir host) 某些通常寄生于特定宿主的寄生虫,有时也会寄生于其他宿主,但通常载虫量普遍较低且无明显危害,这种宿主称为保虫宿主。例如,野生动物是肝片吸虫(*Fasciola hepatica*)的保虫宿主(图 1-29),是家畜的感染来源之一。

(6) **带虫宿主**(carrying host) 带虫宿主也被称为带虫者(carrier)。宿主被寄生虫感染后，随着机体抵抗力的增强或药物治疗，处于隐性感染（inapparent infection）状态，体内仍有一定数量的虫体，这种宿主称为带虫宿主。其无明显临床症状，并对同种寄生虫再感染具有一定的免疫力，如牛感染巴贝斯虫（*Babesia* sp.）（图 1-30）。

图 1-29 常见的保虫宿主野鼠

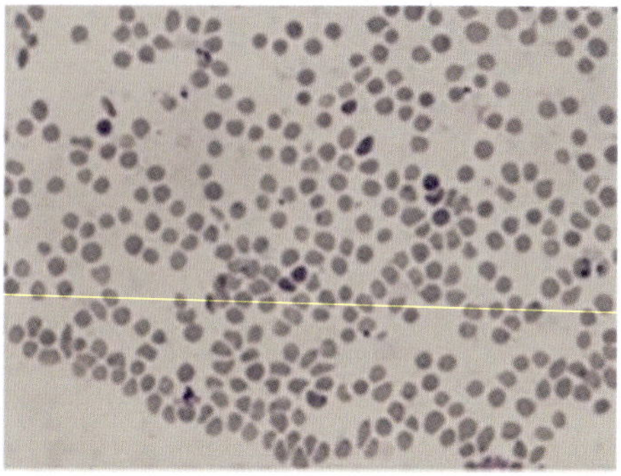

图 1-30 牛红细胞内的巴贝斯虫（400 倍）（引自：张高峰，2022）

1.2.2.3 传播媒介

传播媒介（transmission vector）通常指在脊椎动物（vertebrate）宿主间传播寄生虫病（parasitosis）的一类动物，主要为吸血节肢动物（blood-sucking arthropod）。例如，蚊子（mosquito）在人之间传播疟原虫（*Plasmodium*）（图 1-31）；蜱虫在牛之间传播梨形虫（*Piroplasm*）。

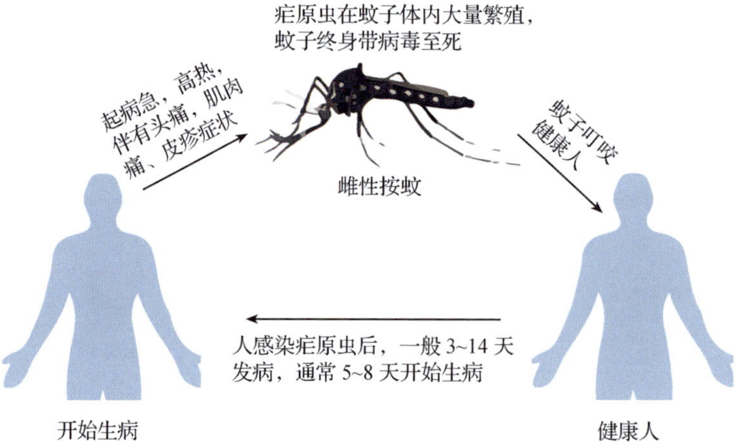

图 1-31 蚊子传播疟疾途径

1.2.2.4 寄生虫与宿主的相互影响

1. 寄生虫对宿主的影响

寄生虫侵入宿主机体后，有的直接到达寄生部位发育，有的则要经过不同程度的移行过程，最终才能到达特定的寄生部位发育成熟。寄生虫在移行阶段或寄生期间，对宿主产生各种危害，称为寄生虫病。

(1)机械性损伤 蠕虫寄生时，以其吸盘、口囊、吻突等特殊器官附着在宿主的胃、肠等脏器黏膜上，造成局部损伤。幼虫移行时穿透宿主的各脏器组织形成“虫道”，引起出血、炎症。成虫在宿主的肠管、胆管、支气管、血管内繁殖引起堵塞、破裂等。棘球蚴、多头蚴等寄生时，在宿主脏器内形成逐渐增大的包囊，刺激、压迫脏器、周围组织和神经，引起各种病变。肠道原虫可破坏宿主的肠黏膜上皮细胞，引起腹泻。血液原虫则可大量破坏宿主红细胞，引起贫血(图1-32)。

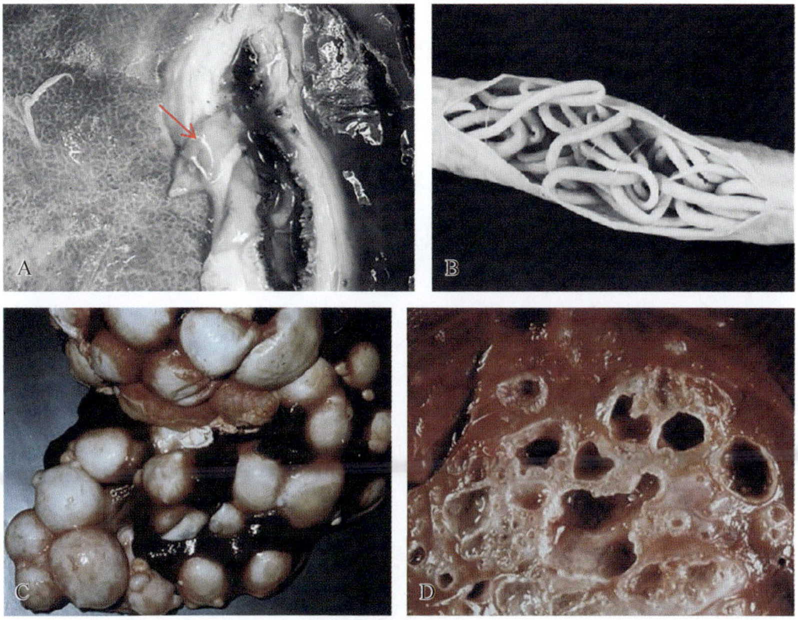

A. 肝片吸虫(绵羊) 钙化的胆管内肝片吸虫(红色箭头所示)依靠强有力的吸盘吸附于肝脏(引自：Mehlhorn，2008)
B. 蛔虫性肠梗阻(猪) 肠道几乎完全被猪蛔虫堵塞(引自：Schmit et al.，1996)
C. 包虫病(绵羊) 肝脏中有大量细粒棘球蚴(引自：Mehlhorn，2008)
D. 包虫病(人) 多房棘球蚴感染造成肝脏机械性损伤(引自：Mehlhorn，2008)

图1-32 寄生虫感染导致的机械性损伤

(2)毒素作用 寄生虫在寄生期间，其分泌物、代谢产物以及死亡后释放出的物质对宿主产生毒害作用，可引起宿主局部或全身反应。例如，蜱虫唾液腺分泌的毒素可对家畜产生不同程度的危害，轻者表现为厌食、体重减轻或代谢障碍，重者则出现“蜱瘫痪”。锥虫在宿主血液中寄生并产生有毒代谢产物；在抗体的作用下，大量锥虫死亡后释放的毒素损害宿主中枢神经系统，导致体温升高和运动障碍，并侵害造血器官和网状内皮系统，引起红细胞溶解和贫血。棘球蚴囊泡破裂时释放的毒素可使宿主发生严重过敏反应，甚至可能造成猝死（图 1-33）。

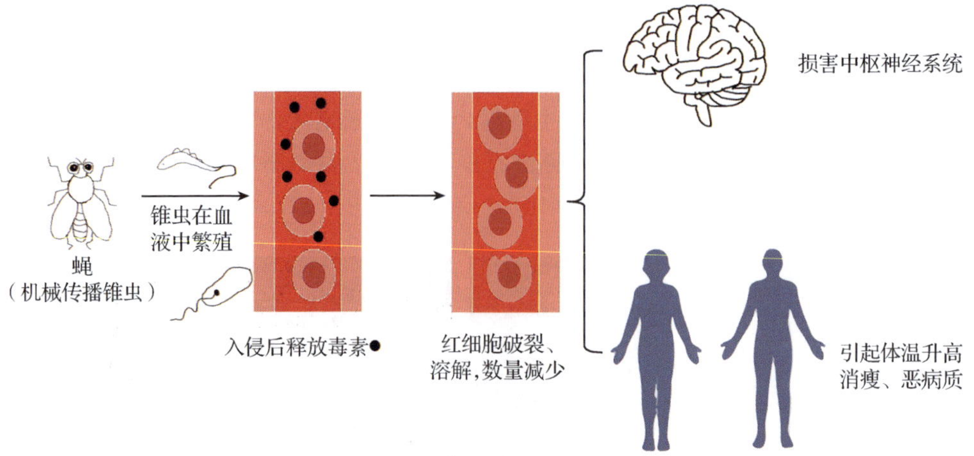

图 1-33 寄生虫（以锥虫为例）释放毒素损伤机体

（3）夺取营养 寄生虫在生长发育过程中，需要从宿主获取营养。消化道寄生虫常以宿主的消化和未消化食物为营养，如犬钩虫吸食宿主血液，将小肠黏膜纳入口囊中，借助宿主食道收缩和舒张持续吸血。此外，吸血虱、蜱、蠓、蚋等外寄生虫通过宿主的皮肤吸食血液。许多寄生虫还以宿主的组织液及被破坏的组织细胞为食物，导致宿主贫血、消瘦和营养不良（图 1-34）。

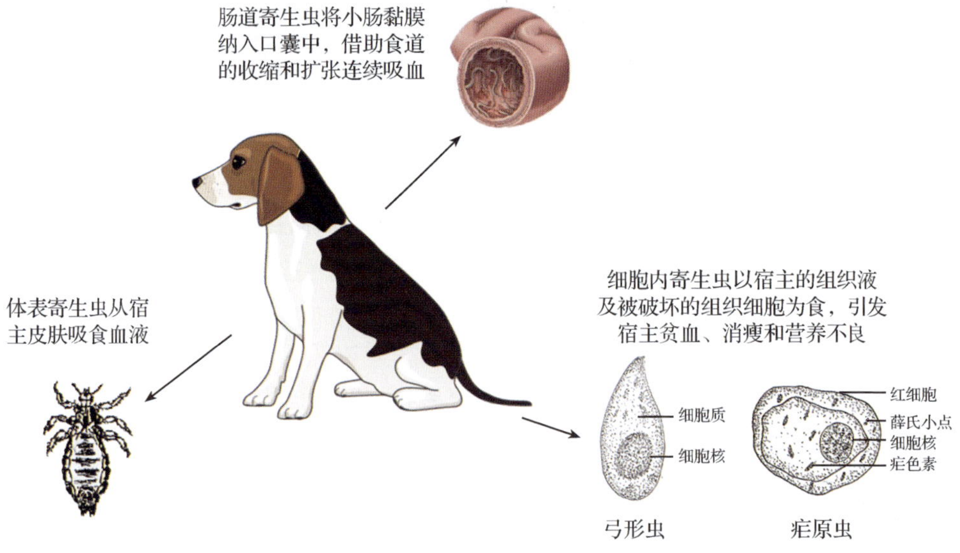

图 1-34 寄生虫获取宿主营养的途径

(4) 传播其他病原引起继发感染　当外界环境中发育的幼虫侵入宿主体内时常携带其他病原微生物，从而引发传染病。当幼虫在宿主体内移行时，会将病原微生物带入受损组织。经皮肤或黏膜感染的寄生虫，常在宿主的皮肤或黏膜处造成损伤，为其他病原的侵入创造条件。此外，一些寄生虫本身就是某些微生物或其他寄生虫的传播媒介或中间宿主。例如，蠓和蚋传播鸡的住白细胞虫，鸡异刺线虫传播火鸡组织滴虫，某些蜱传播牛梨形虫(图 1-35)。

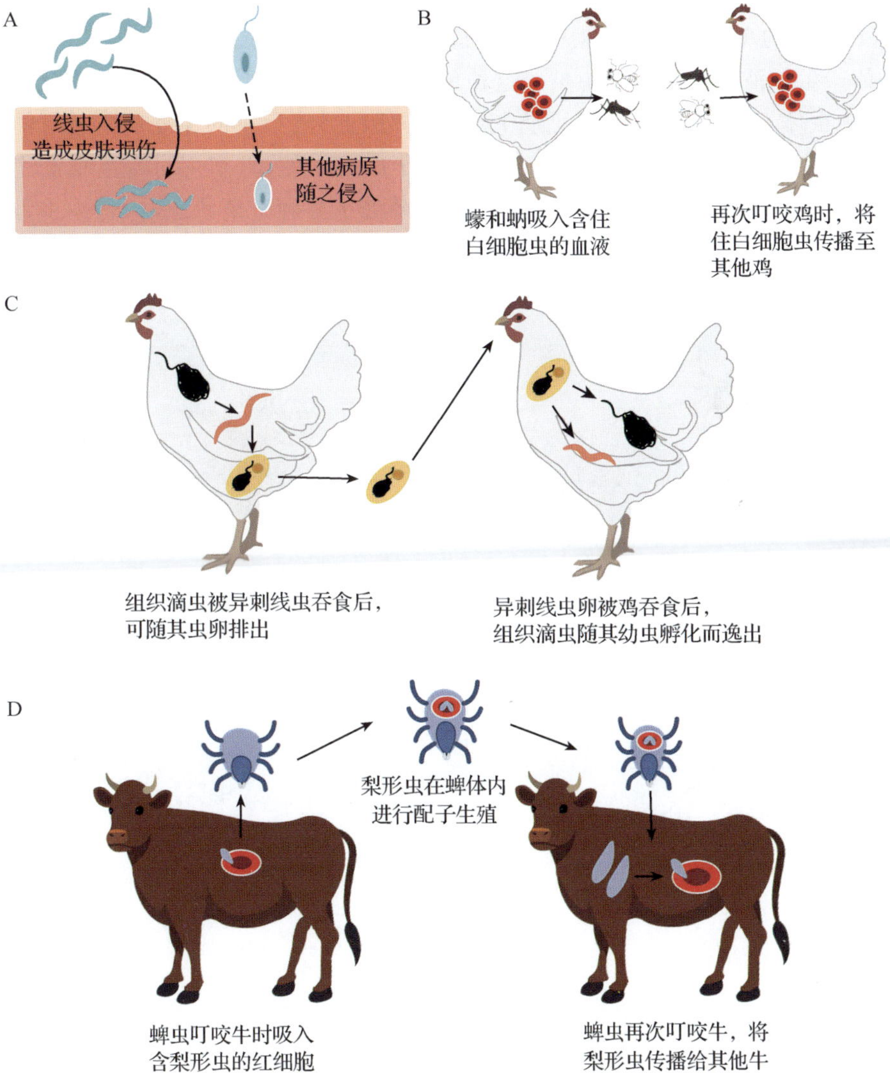

A. 经皮肤感染的寄生虫为其他病原的入侵创造条件　B. 蠓和蚋传播住白细胞虫
C. 鸡异刺线虫传播组织滴虫　D. 蜱虫传播梨形虫

图 1-35　寄生虫可传播其他病原引起继发感染

以上所述为寄生虫对宿主影响的主要方面。但需要注意的是,寄生虫对宿主的影响往往是多种多样的。

2. 宿主对寄生虫的影响

宿主感染寄生虫后,会出现不同程度的症状或隐性感染,幼畜则可能表现为生长发育受阻。但寄生虫及其产物还能诱发宿主产生免疫应答,以抑制或消灭侵入的虫体。另外,宿主的自然屏障、营养状况、年龄、种属等也会不同程度地影响寄生虫的寄生和增殖。

(1) 宿主的免疫应答 寄生虫本身及其排泄物和分泌物均具有抗原性,可刺激宿主机体产生体液免疫和细胞免疫。这种免疫反应可能会抑制虫体生长,降低其繁殖力,阻止虫体对组织的附着,从而将其排出体外;此外,宿主的免疫反应还可能沉淀或中和寄生虫产物,甚至可以杀灭寄生虫(图 1-36)。然而,宿主对寄生虫产生的免疫力常常是不完全的;当宿主与寄生虫的关系处于某种平衡状态时,寄生虫维持较低的数量,宿主无症状时,即称为带虫免疫。带虫免疫是寄生虫感染中极为普遍的现象。

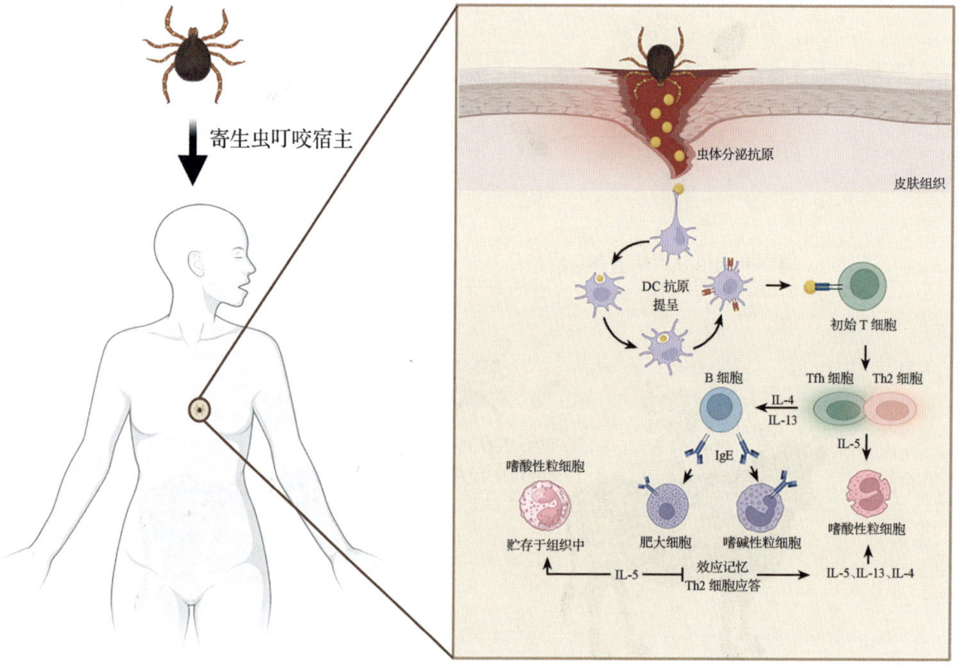

图 1-36 寄生虫入侵机体引起宿主免疫应答机制(以蜱虫叮咬为例)

(2) 宿主的天然屏障 当寄生虫侵入机体时,宿主的皮肤、黏膜、血液、分泌液、激素不仅影响寄生虫幼虫的生长发育,促使其早日排出,还会通过机体的再生与修复机能,使受损害的组织以机化、包囊形成、钙化及溶解吸收的形式消除危害(图 1-37)。

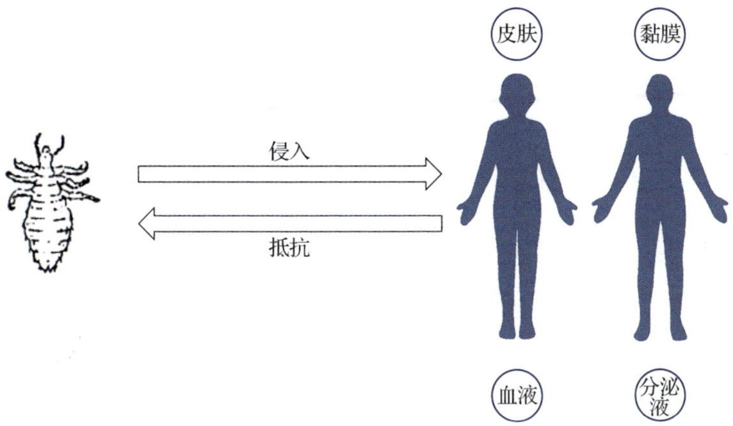

图 1-37 宿主的天然屏障与寄生虫相互影响

(3) **宿主的年龄** 动物的年龄对寄生虫病的发展具有重大影响。多数寄生虫在幼龄动物体内发育迅速，而在成年动物体内发育缓慢，甚至有些寄生虫在成年动物体内不能发育。例如，蛔虫病在幼龄动物中较为严重，因为随着年龄增长，宿主免疫力增强，免疫力低下的幼畜对很多寄生虫易感（图 1-38）。

图 1-38 宿主的年龄对寄生虫入侵的影响

(4) **宿主的营养状况** 动物若摄取全价饲料，在很大程度上能抵抗寄生虫的侵害。例如，饲料中缺乏维生素 A，仔猪更易受到蛔虫的损伤，如果饲喂全价营养，就不容易感染蛔虫。饲料中含有足量的维生素 A 和维生素 D 时可增强鸡对蛔虫的抵抗力，维生素 A 和维生素 D 缺乏则有利于虫体寄生（图 1-39）。

1.2.3 流行与危害

1.2.3.1 人兽共患寄生虫病的流行

人兽共患寄生虫病的流行特征呈现地域性、季节性及与特定宿主种群的关联性。一些寄生虫病可能在特定季节或气候条件下暴发，如某些寄生虫在热带地区更为常见。疾病的传播方式复杂多样，宿主可以通过直接接触、食物、水源及传播媒介（蚊子和蜱虫等）等方式感染。宿主范围广泛，不仅涵盖人类和各类家畜，也包括多种野生动物，它们既是疾病的受害者也可能成为传播媒介（图 1-40）。

随着国际交流和贸易活动的日益频繁，人类对自然环境的干预，如森林砍伐、野

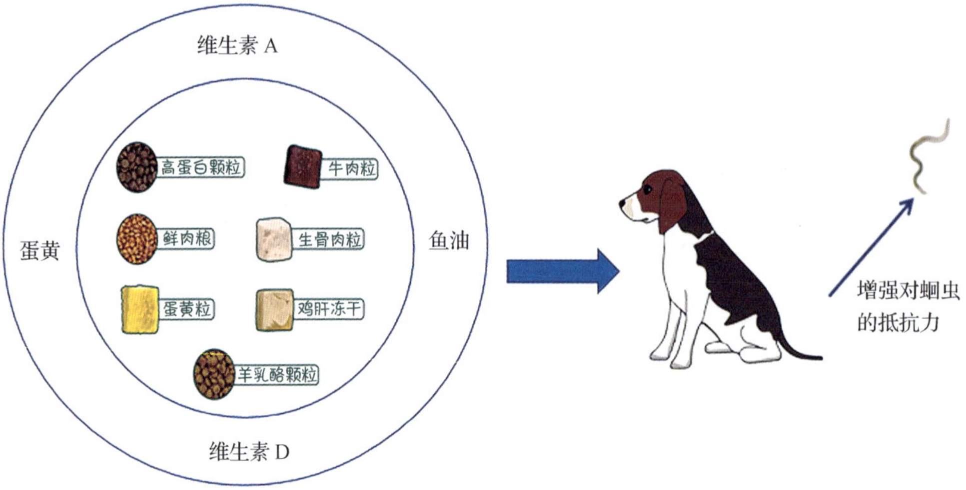

图 1-39　宿主的营养状况影响其对寄生虫的抵抗力

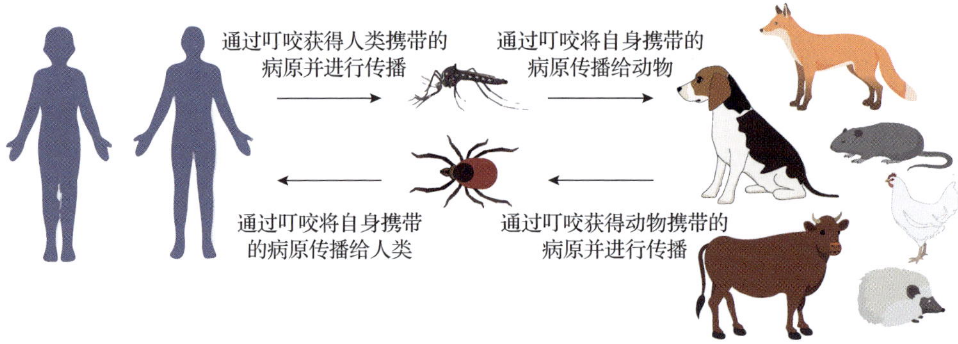

图 1-40　人兽共患寄生虫病的传播

生动物交易及全球气候变化，严重破坏了生态平衡。这些因素导致了一些原本受地理和气候条件限制的疾病扩散到新的区域。这些变化不仅重新定义了某些疾病的地理分布范围，还将原本仅在热带地区流行的疾病传播到了温带乃至寒带地区。这种趋势表明，全球公共卫生策略必须对这些新兴挑战作出适应性响应。

寄生虫病的流行受 3 个基本要素影响：传染源、传播途径和易感动物（图 1-41）。

（1）**传染源**　已经感染寄生虫的病畜、易感动物、适合寄生虫生存的自然环境和有利于寄生虫传播的相关媒介。

（2）**传播途径**　一般是人和易感动物通过误食被寄生虫污染的食物、水源而感染寄生虫。日本血吸虫等寄生虫可以通过皮肤接触到含有尾蚴的水体而感染易感动物，蜱虫、疥螨等体外寄生虫可以通过接触易感动物皮肤而引发感染。

（3）**易感动物**　高龄和幼年等免疫力较低的人和动物更容易感染寄生虫。因此，

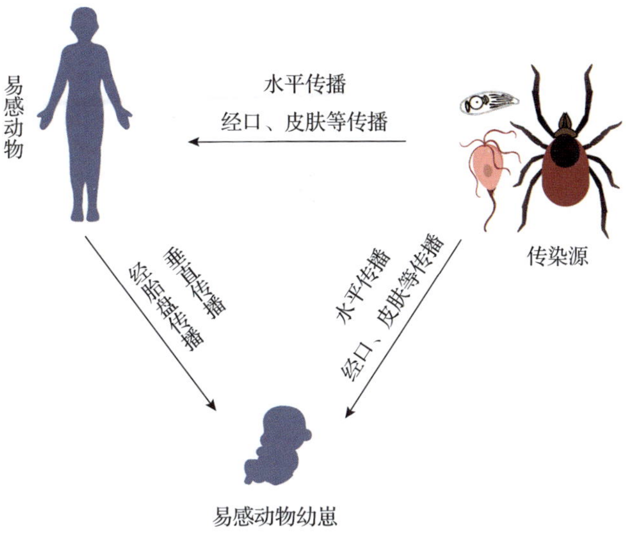

图 1-41 寄生虫病流行的 3 个基本要素

一旦饲养的宠物被检测到感染或携带人兽共患寄生虫(图 1-42 和图 1-43),家中老人和儿童感染寄生虫的风险也会增加。

1.2.3.2 人兽共患寄生虫病的危害

人兽共患寄生虫病广泛分布,能够跨越畜禽、宠物与人类进行传播。这些疾病不仅威胁人类的生命健康,也给我国的养殖业造成了巨大的经济损失。经济损失主要表现在防控成本的增加、生产力的下降及养殖业产值的减少,特别是在依赖畜牧业的地区,人兽共患寄生虫病加剧了贫困和经济落后的恶性循环。因此,这类疾病需要医学关注的同时,还急需公共卫生、农业及社会经济领域的综合应对措施。

人兽共患的寄生虫病,如弓形虫病、旋毛虫病、棘球蚴病和类圆线虫病等,能够通过多种途径侵袭人体并导致健康问题。例如,人类可能因摄入未煮熟的肉类而感染弓形虫,这会激发免疫反应并可能对器官造成损害;而粪类圆线虫病则可能通过皮肤接触传播,导致贫血和消化道相关症状。因此,为了有效控制这些疾病,必须强化监测措施,严格管理食品来源,并提高公众的卫生意识。

寄生虫病的危害广泛,人类和易感动物感染后,体内营养会被寄生虫消耗。长期的寄生虫感染会导致宿主的组织器官功能损伤和衰退,引发贫血、腹泻等临床症状,严重时可导致宿主死亡。寄生虫的某些分泌物、排泄物含有对宿主有害的毒素。此外,寄生虫病还会导致宿主免疫功能受到抑制,从而使宿主更易受到其他疾病的侵袭。人类和家畜密切接触的现状使这一现象更为突出。寄生虫幼虫在宿主体内的移行和吸附及大量虫体对机体组织器官的压迫和阻塞,均会造成不可逆的机械性损伤。宿主器官和组织受长时间的机械性损伤后,更易感染其他病原,导致继发性感染。

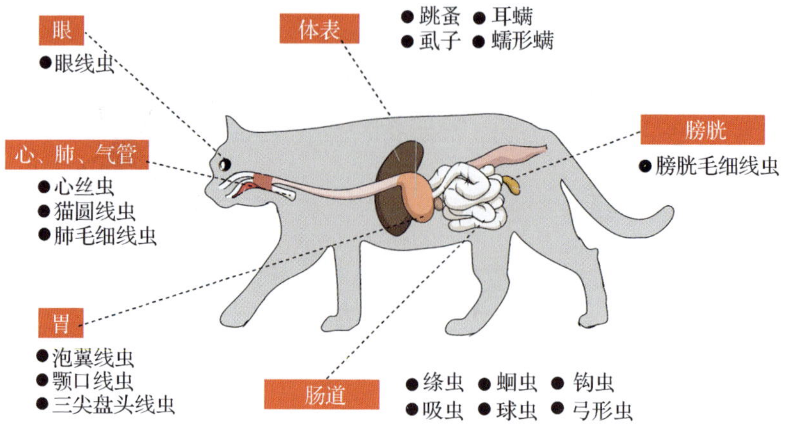

图 1-42　猫常见寄生虫寄生部位

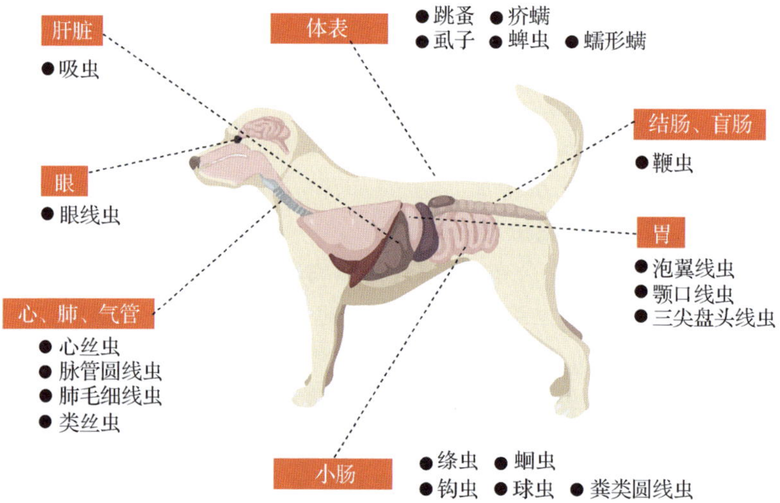

图 1-43　犬常见寄生虫寄生部位

随着社会的进步，人类与动物的互动变得越来越频繁，特别是越来越多的家庭开始饲养宠物，这种趋势导致了人类感染寄生虫病的风险逐渐增加。

1.2.4　诊断与防控

近年来，我国宠物和观赏动物的数量持续增长（图 1-44），这在某种程度上会增加人兽共患寄生虫病的感染风险。

1.2.4.1　诊断

1. 消化道、呼吸道寄生虫的诊断

多数消化道与呼吸道寄生虫寄生在宿主消化道、呼吸道及相关腺体中，并通过

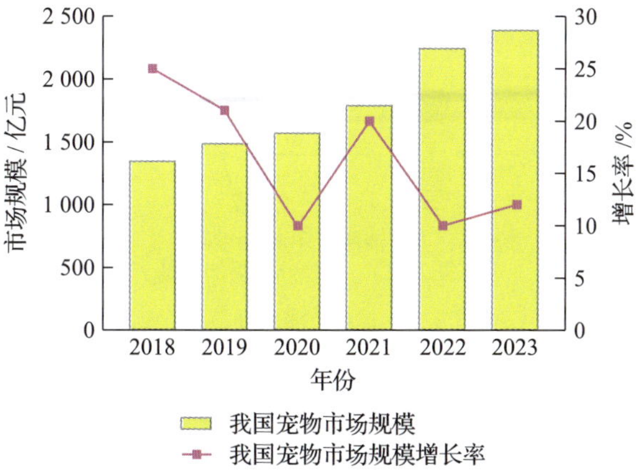

图 1-44 2018—2023 年我国宠物市场规模

（引自：派读宠物行业大数据，2024）

粪便排出虫卵、幼虫或成虫（如蠕虫），最常用的诊断方法为检测粪便中的虫卵，主要有以下 3 种方法。

（1）直接涂片法 在载玻片中央滴加 50% 甘油水溶液，用镊子取少量粪便样本，并与 50% 甘油水溶液轻柔混匀。清除杂质，盖上盖玻片，并在显微镜下观察。直接涂片法中的改良加藤法可实现定量检测虫卵。

（2）漂浮法 漂浮液的比重要高于虫卵，可使蠕虫卵和原虫卵等浮起，以便收集检测。

（3）沉淀法 向粪便样品中加入适量水并混匀，通过离心（2 000 r/min 离心 5～10 min）或静置（图 1-45）获得沉淀，并用显微镜观察沉淀中的虫卵。另外，加入甲醛可用于固定寄生虫样本，加入乙醚可脱脂，去除粪便中的杂质（图 1-46）。

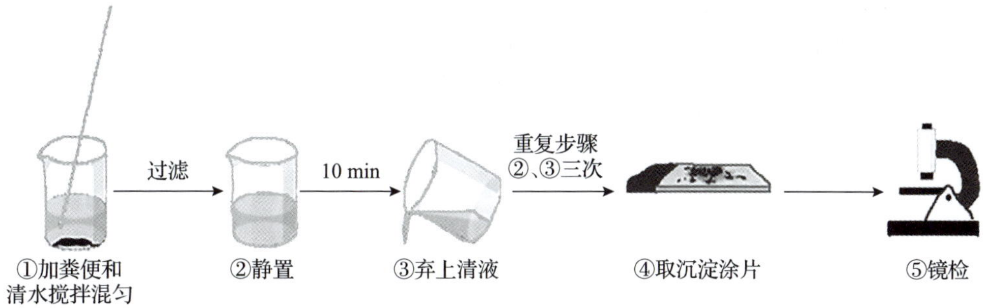

图 1-45 沉淀法

2. 血液寄生虫的诊断

存在于血液中的寄生虫，如一些丝虫和原虫等，可用直接镜检法。从动物的颈静脉或耳静脉采血至抗凝采血管，将血液样品滴在载玻片中央，滴加等量生理盐水

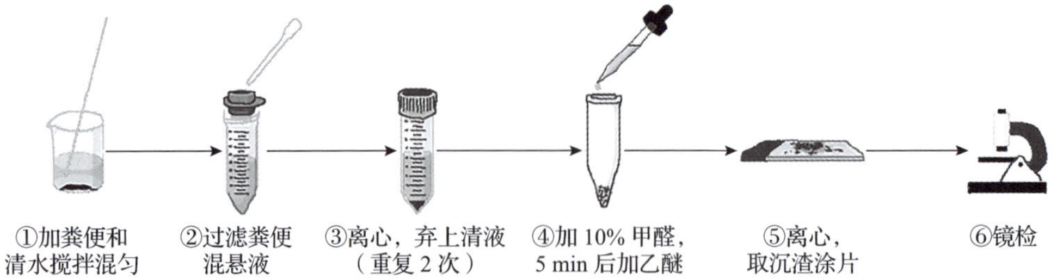

图 1-46 醛醚法

并混匀，盖上盖玻片后在显微镜下观察。还可用毛细管离心集虫法，该法适用于检测伊氏锥虫和梨形虫。

3. 体外寄生虫的诊断

寄生于皮肤表面的人兽共患寄生虫主要包括螨虫、虱子和蜱虫，通常采用肉眼观察结合显微镜检查的方法。蜱虫的体型较大，主要寄生于宿主皮肤表面，肉眼即可分辨（图1-47）。虱子和螨虫的体型相对较小，尤其是螨虫，肉眼难以观察到，需轻轻刮取宿主皮屑于显微镜下观察虫体特征（图1-48）。

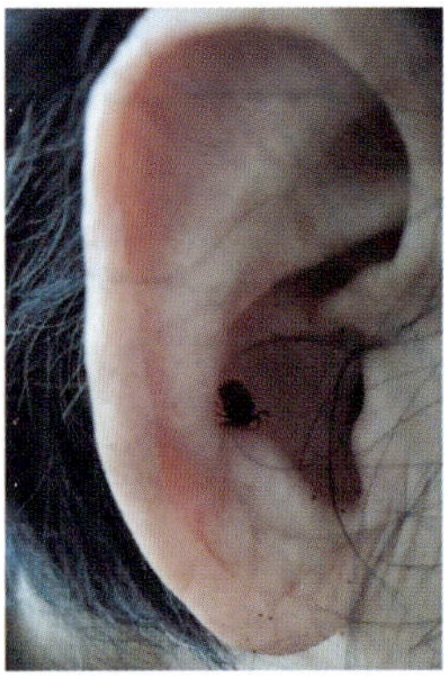

图1-47 叮咬在人类耳甲腔的蜱虫
（引自：宋伟琪等，2021）

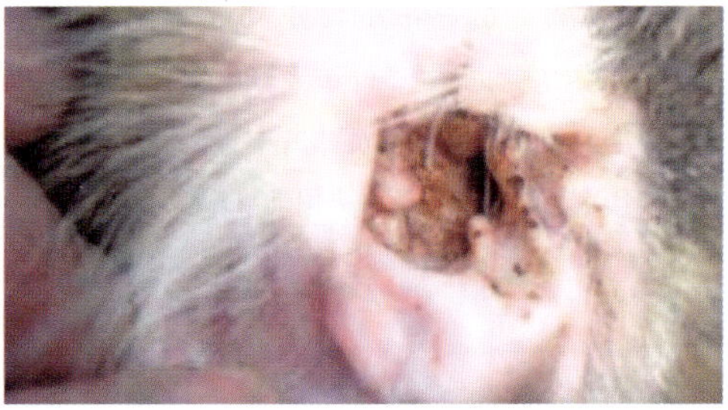

图1-48 犬耳螨
（引自：戴波涛，2022）

4. 其他辅助诊断方法

(1) 免疫学方法 间接血凝试验（图1-49）、酶联免疫吸附试验（图1-50）等血清学方法和免疫胶体金技术（图1-51）、免疫荧光抗体技术（图1-52）、免疫组织化学技术（图1-53）等利用抗原抗体反应进行辅助诊断。

(2) 影像学方法 如用B超（图1-54）、核磁共振成像（MRI）（图1-55）、计算机断层成像（CT）技术等检查周围肝内胆管是否有弥漫性扩张。CT还可用于头部寄生虫的辅助诊断（图1-56）。

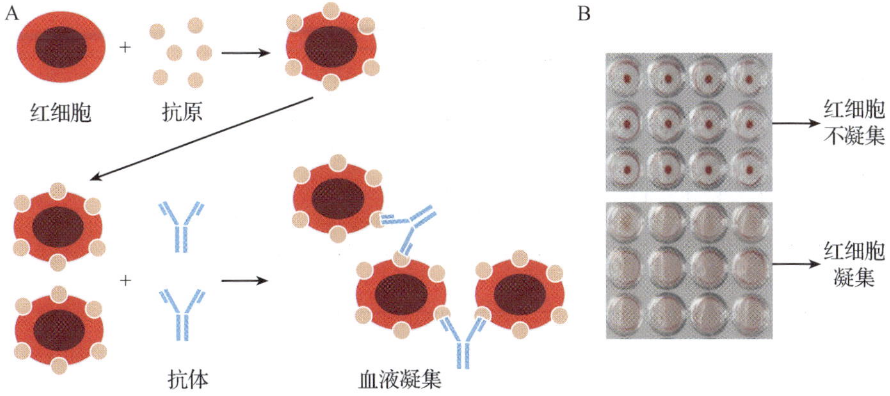

A. 试验原理　B. 结果判定

图 1-49　间接血凝试验原理及结果判定

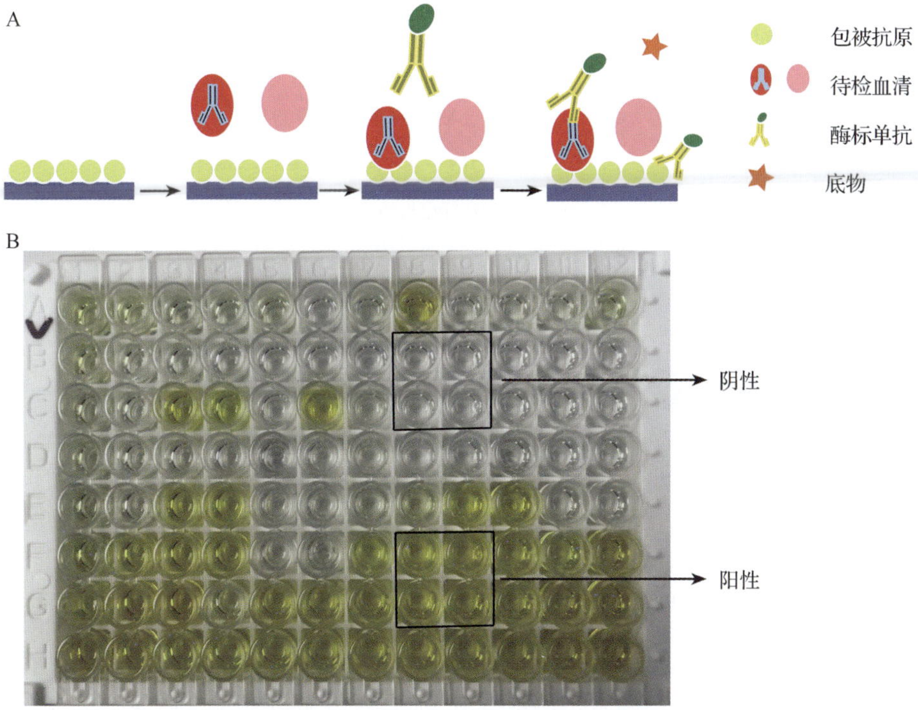

A. 试验原理(以阻断 ELISA 为例)　B. 结果判定

图 1-50　酶联免疫吸附试验(ELISA)原理及结果判定

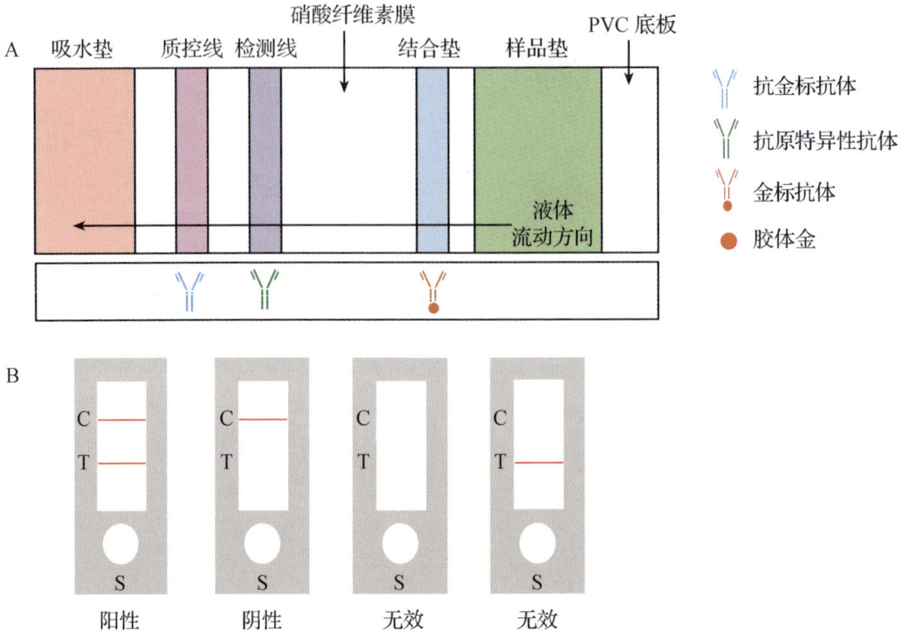

A. 试验原理 B. 结果判定

图 1-51 免疫胶体金技术原理及结果判定

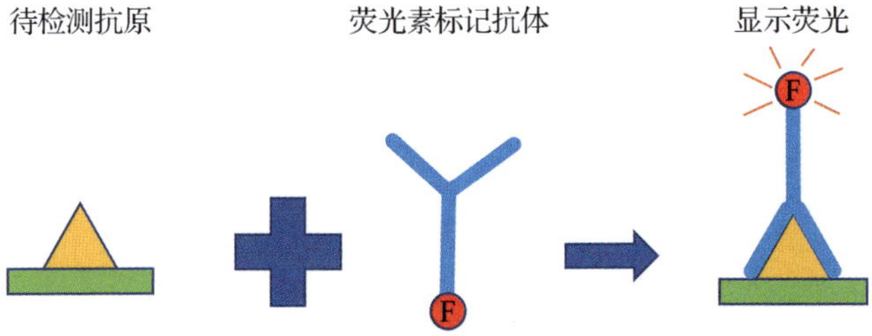

图 1-52 免疫荧光（immunofluorescence，IF）抗体技术

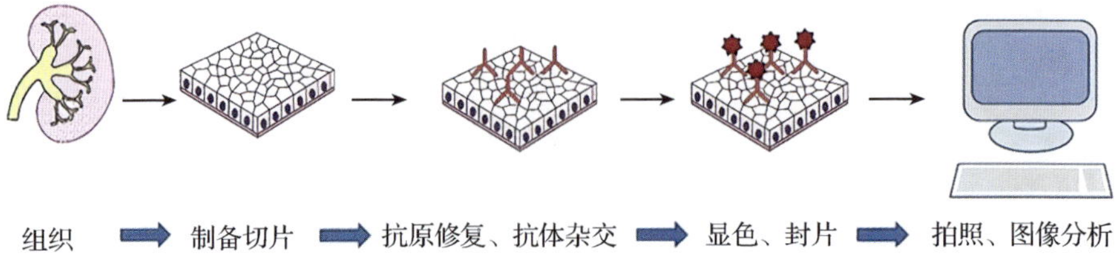

图 1-53 免疫组织化学（immunocytochemistry，IHC）技术

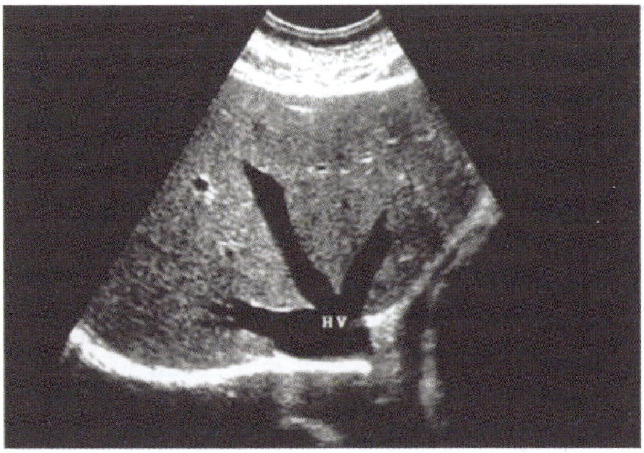

图 1-54　肝脏的 B 超照片
（引自：郝丽娜，2020）

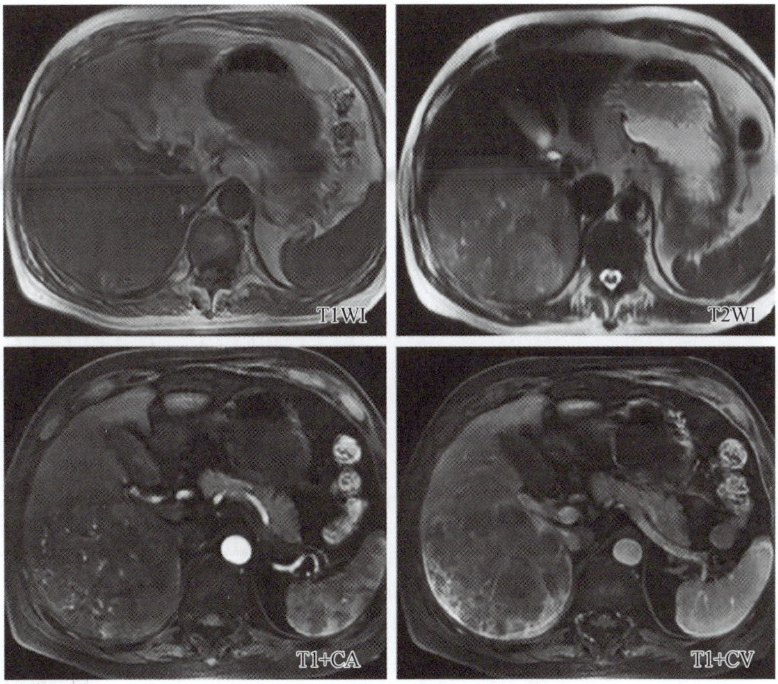

图 1-55　肝脏的核磁共振检查
（引自：杨华和邹利光，2018）

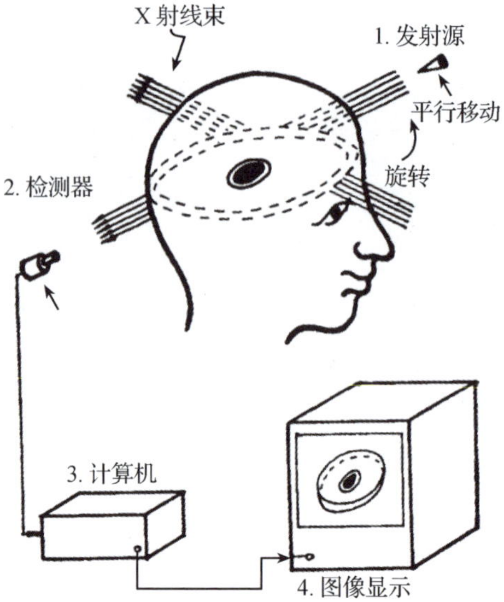

图 1-56 计算机断层成像(CT)设备
(引自:周光湖,1986)

(3) **分子生物学方法** 分子生物学技术具有很高的特异性和敏感性,但需花费较长的时间,检测条件也要求较高(图 1-57 和图 1-58)。

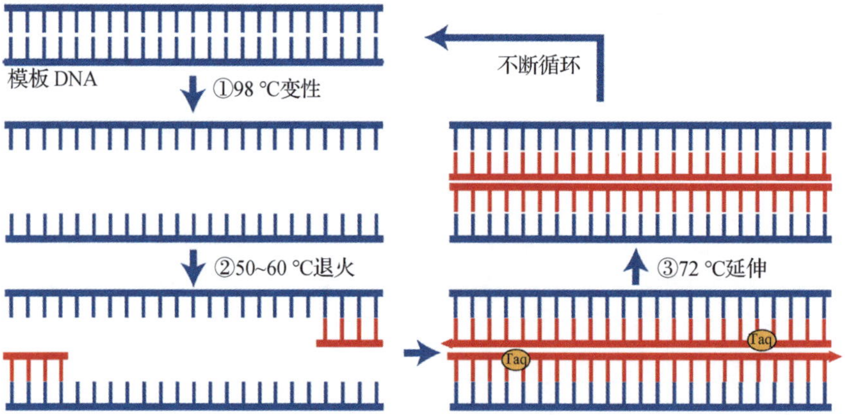

图 1-57 聚合酶链式反应(polymerase chain reaction, PCR)

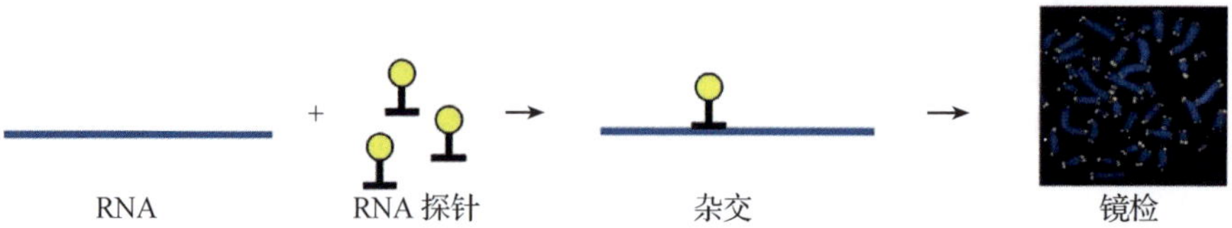

图 1-58 原位杂交(*in situ* hybridization, ISH)技术

1.2.4.2　防控

1. 宠物的防护

近年来，我国青年人群和老年人群中饲养宠物的比例持续上升，这导致城市中宠物的数量不断增加，这种趋势不可避免地为城市中人兽共患寄生虫病的防控带来了挑战，产生对人类和宠物生命健康的潜在威胁。在人兽共患寄生虫病的防控策略中，保护易感动物是关键环节之一。要求宠物主人掌握寄生虫防控的相关知识，宠物的日常饮食应保持有利于宠物的身体健康，避免给予生食或未煮熟的鱼、蟹、羊等肉类食物(图 1-59)，确保宠物有足够的活动空间，并进一步完善丰容设施，以上方法都有助于提高宠物免疫力，增强宠物对寄生虫的抵抗力(图 1-60)。避免健康宠物与患病宠物的接触也是有效的防控措施之一。

图 1-59　宠物避免采食生的或未煮熟的食物

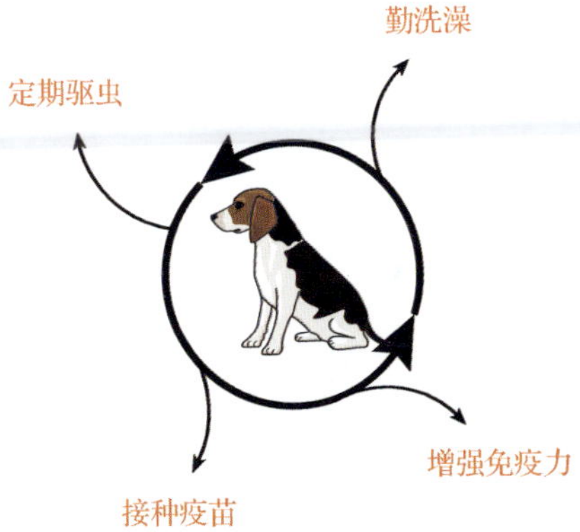

图 1-60　宠物的防护

定期为宠物进行驱虫是必要的寄生虫防控措施。由于宠物在不同健康状态下需采取不同的驱虫措施，驱虫药的使用要严格遵医嘱或按照说明书使用。同时，市场上驱虫药种类繁多，为确保安全可靠，应选择合格、有效的驱虫药。此外，一些体内寄生虫需使用特定的驱虫药物，如用药 2～3 天临床症状仍然没有改善，应前往宠物医院，通过实验室诊断明确寄生虫种类，并遵医嘱进行治疗。

(1) 体内驱虫　通常情况下，口服驱虫药即可驱除体内寄生虫(如绦虫、球虫、蛔虫等)，给药剂量和方式要严格遵守说明书。幼犬、幼猫一般在断奶后进行第 1 次驱虫；6 月龄以下的犬、猫，每隔 1 个月驱虫 1 次；6 月龄以上的犬、猫，每隔 3 个月驱虫 1 次。一旦在宠物的粪便中发现虫卵，应立即驱虫至不再排出。成年宠物通常具有较强的抵抗力，感染寄生虫后可能不会表现出明显的临床症状，因此即使未在粪便中发现虫卵，也应定期驱虫。

(2) 体外驱虫　某些体外驱虫药物可能会导致宠物皮肤出现瘙痒，严重时甚至会引起皮肤溃烂，从而引发继发性细菌感染。每年 3—10 月是体外寄生虫病的高发季

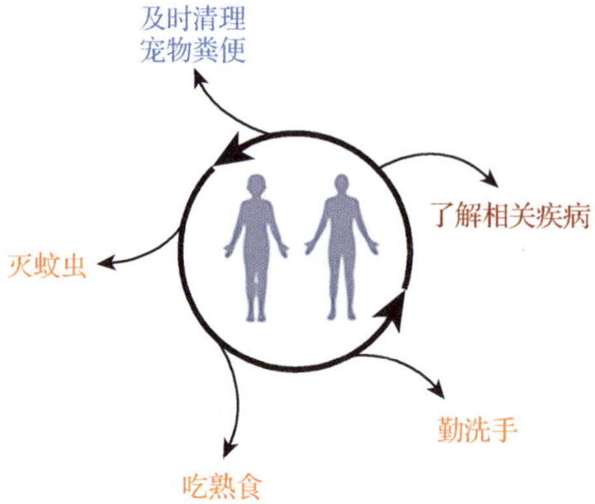

图 1-61 人的防护

节,对于经常外出的宠物,宠物主人应在这一时期定期进行体外驱虫,同时可以考虑使用驱虫喷剂作为辅助手段。

2. 人的防护

为了有效防控人兽共患寄生虫病,应了解常见人兽共患寄生虫病的特点,根据其传播方式采取相应防控措施(图 1-61)。宠物主人应谨慎处置宠物的饮食、粪便等,避免其中可能存在的寄生虫由宠物传播给人。例如,弓形虫感染与人的生殖系统健康紧密相关,感染了弓形虫的猫会通过粪便排出弓形虫卵囊,这些卵囊可能污染家庭环境中的食物,孕妇若感染弓形虫,可能会面临流产或早产等风险,新生儿感染弓形虫可能影响眼、大脑和肝脏的健康。科学划分人和宠物的活动范围,尽可能避免人兽共患寄生虫病在人和宠物之间传播。为了避免因肉类或其他动物制品中可能存在寄生虫而感染疾病,食用前必须确保将其充分煮熟或彻底消毒。

第2章 重点人兽共患寄生虫病

2.1 蠕虫类

2.1.1 华支睾吸虫病

华支睾吸虫病(clonorchiasis),又名肝片吸虫病,是由华支睾吸虫(*Clonorchis sinensis*)寄生在人或动物肝胆管,引发肝胆管病变的一种人兽共患寄生虫病。人和动物感染此病通常是因为食用了未经煮熟的鱼类、虾类,或饮用了被寄生虫污染的水源。

2.1.1.1 病原形态

华支睾吸虫属于小型虫体,身形较薄,半透明,以淡红色为主,长 10~25 mm,宽 3~5 mm。成虫体扁平,表面平滑,前端尖锐,后端圆润,形状狭长如柳叶(图 2-1)。卵呈黄褐色,大小在 27~35 μm,前端狭小且有盖,盖的两侧有肩峰状的突起,后端圆大且带有一小突起(图 2-2)。

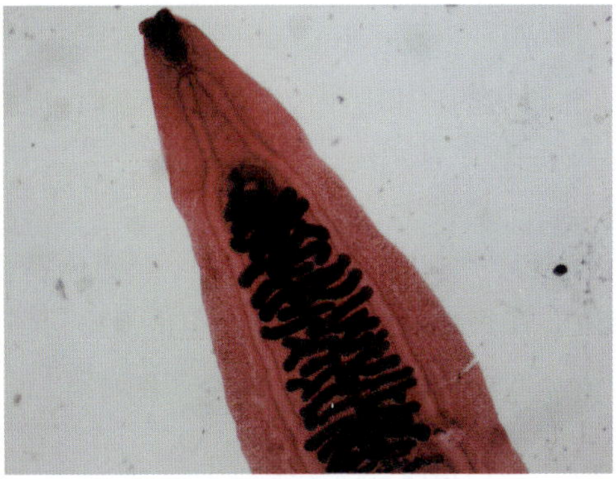

图 2-1 华支睾吸虫成虫

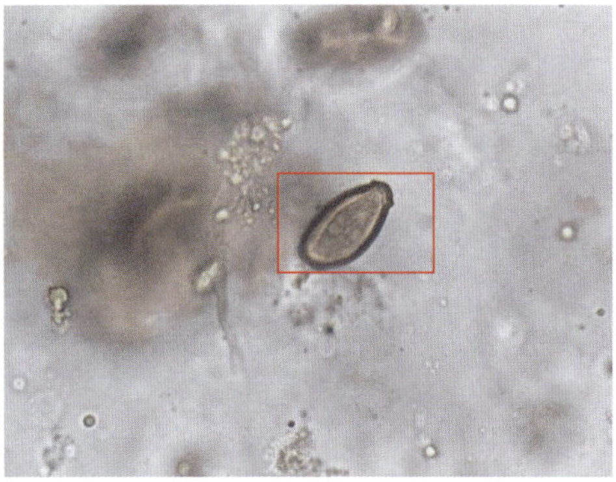

图 2-2 华支睾吸虫虫卵

(引自:zsbeike.com)

2.1.1.2 生活史

华支睾吸虫成虫在终末宿主的肝胆管及胆囊中寄生,虫卵随着粪便排出,被第一中间宿主淡水螺吞食后,在其体内经历毛蚴、胞蚴、雷蚴、尾蚴等阶段,尾蚴从螺体中逸出并侵入第二中间宿主,形成囊蚴。终末宿主摄入含有囊蚴的生肉后,囊蚴在十二指肠完成脱囊过程，释放童虫穿透肠壁钻入腹腔，最终移行至肝胆管发育为成虫（图 2-3）。

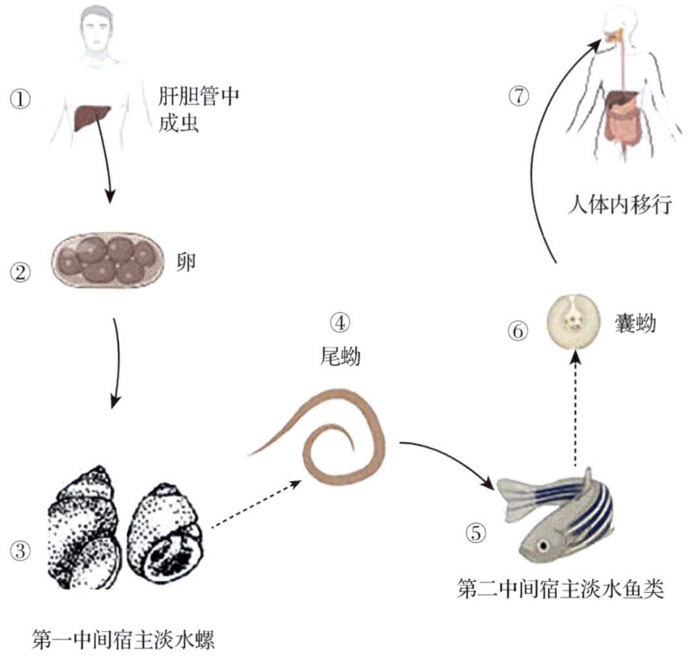

图 2-3　华支睾吸虫生活史

2.1.1.3　寄生部位

华支睾吸虫成虫主要寄生于人和其他哺乳动物的肝和胆内，寄生数量多时可能移行至胆总管、胆囊，偶尔还可见于胰管内。

2.1.1.4　流行病学

华支睾吸虫病主要在东亚和东南亚地区流行，尤其在我国南方地区广泛传播。犬和猫科动物作为华支睾吸虫的主要终末宿主，在疾病的持续性流行和传播中扮演了关键角色。

2.1.1.5　易感动物

华支睾吸虫的宿主包括人、猫、犬、猪、貂和大鼠（图 2-4）。华支睾吸虫的第二中间宿主中鱼类达 100 多种。

2.1.1.6　感染症状

中度感染通常表现为发热、腹泻和消化不良等症状，而重度感染则可能引发急性症状，并且有可能导致休克，危及生命。虫体聚集有可能引起胆管阻塞，而虫体分泌的蛋白质与虫体碎片混合后，可能形成胆结石，进而导致胆囊炎和肝脓肿等并发症。

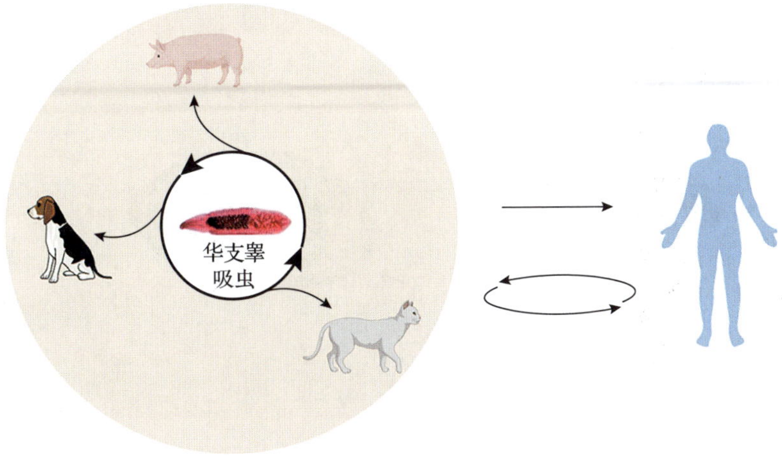

图 2-4 华支睾吸虫易感动物示意

2.1.1.7 诊断与防控措施

1. 诊断方法

最常用方法为病原学诊断，如醛醚法、改良加藤法、沉淀法等。通过显微镜检查粪便中的虫卵。可通过 B 超、MRI 等影像学方法，检查周围肝内胆管是否有弥漫性扩张。

2. 防控措施

治疗最常用的药物是吡喹酮与阿苯哒唑。

在预防方面，关键在于避免摄入带有活囊蚴的食物。加强宣传教育，提高群众对该病的危害性和传播途径的认识；改善烹饪方式和饮食习惯，确保食物充分煮熟；加强粪便管理；清理塘泥或使用药物杀灭螺蛳。

2.1.2 并殖吸虫病

并殖吸虫病又称肺吸虫病（paragonimiasis），是由并殖吸虫（*Paragonimus westermani*）引起的一种人兽共患寄生虫病。主要通过摄入未煮熟的淡水蟹或其他甲壳类动物传播。

2.1.2.1 病原形态

并殖吸虫的虫体外表布满尖刺，雌雄同体，成虫呈椭圆形，长 7～12 mm，宽 4～8 mm，厚 3.5～5.8 mm，背部略微隆起而腹部较为平坦，形状类似咖啡豆（图 2-5 和图 2-6）。

2.1.2.2 生活史

并殖吸虫生活史的完成至少需要 3 个宿主及 2 个发育阶段。终末宿主是人、犬、猫等哺乳动物。虫卵经痰液或粪便排出体外继续发育成毛蚴，毛蚴在水中侵入淡水螺，历经胞蚴、母雷蚴和子雷蚴，发育为尾蚴。尾蚴在淡水中继续侵入甲壳动物体内，发育为囊蚴，囊蚴被终末宿主食入后进入肠道，随后钻出肠壁，发育为童虫。童虫可在组织内移行，最终定居于肺部，并发育为成虫（图 2-7）。

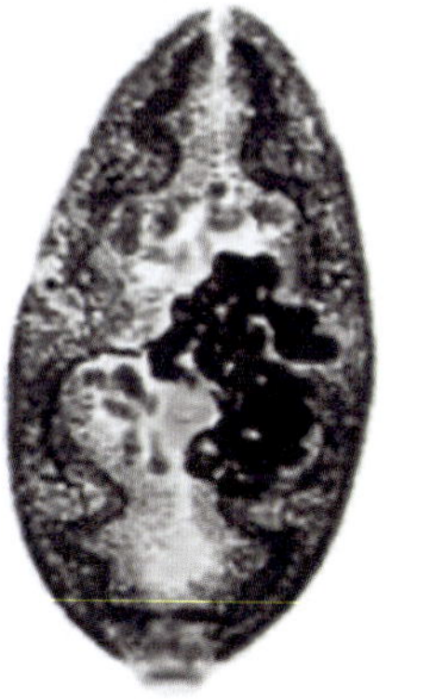

图 2-5 并殖吸虫成虫
（引自：zsbeike.com）

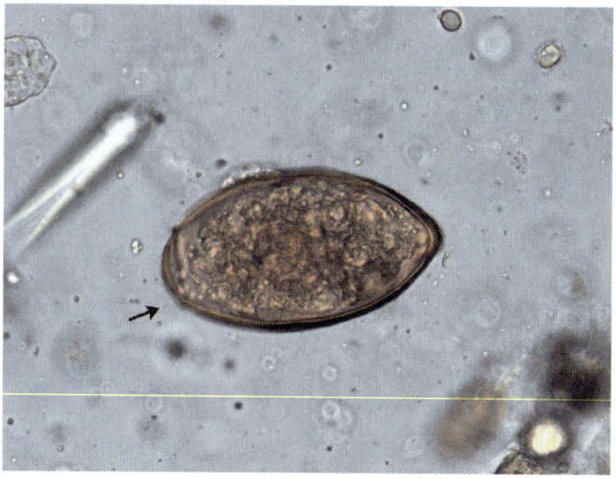

图 2-6 卫氏并殖吸虫虫卵
（引自：zsbeike.com）

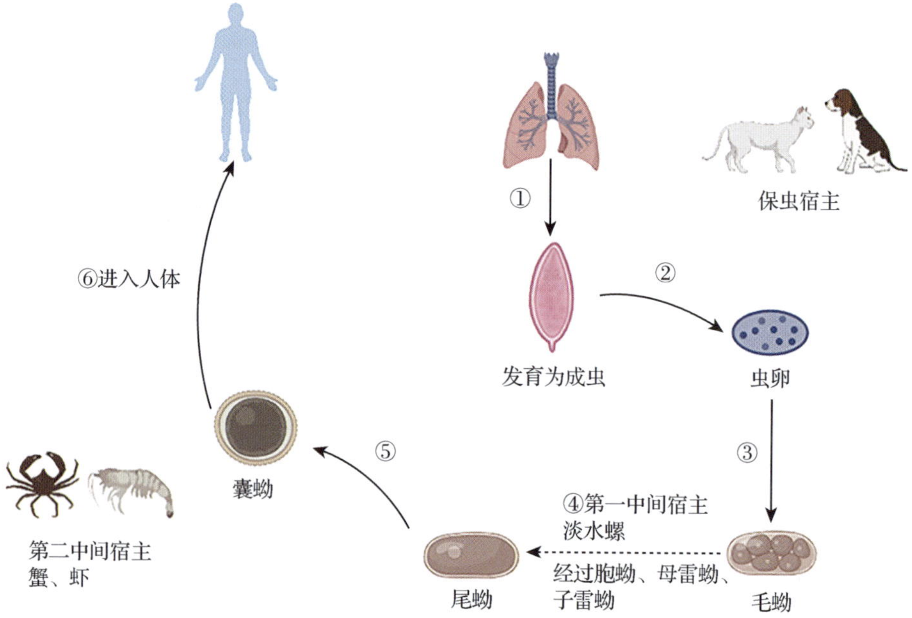

图 2-7 并殖吸虫生活史

2.1.2.3 寄生部位

并殖吸虫主要寄生于肺部，形成纤维囊肿，并在囊肿中久居、产卵。也可寄生在其他器官中，如大脑、脊髓、消化道、腹腔和皮下组织等。

2.1.2.4 流行病学

并殖吸虫病主要流行于东南亚，我国 20 多个省（区、市）报道过该病。并殖吸虫流行情况（人）见表 2-1。

表 2-1　并殖吸虫流行情况(人)(引自:Liu et al.,2024)

省(市)	1954—2022 年感染人数 / 人
重庆	6 035
浙江	5 324
湖北	4 945
四川	2 896
贵州	1 843
湖南	1 414
陕西	975
辽宁	901
福建	868
安徽	733
上海	616
黑龙江	558
江苏	529
河南	388

2.1.2.5　易感动物

易感动物主要是以甲壳类动物为食的各种哺乳动物,以及犬、猫等食肉动物和杂食动物(图 2-8),感染通常由食用未煮熟或生食受感染的淡水蟹或淡水虾引起。

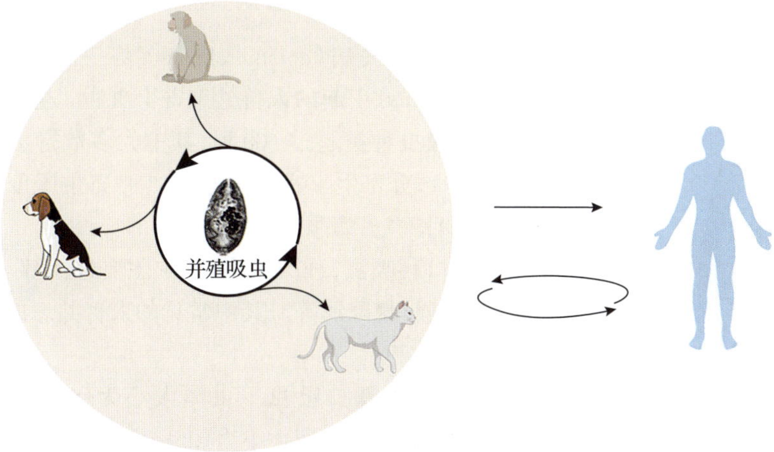

图 2-8　并殖吸虫易感动物示意

2.1.2.6 感染症状

根据并殖吸虫寄生的主要器官不同，临床上可分为以下 4 种类型。

(1) 肺型 患者通常表现为咳嗽、咳血、胸痛等症状，痰液为果酱样黏痰。

(2) 腹型 症状轻重不一，可能伴有腹泻、肝脏肿大、便血，触诊腹部肿块。

(3) 脑型 症状包括颅内压增高引起的头痛、呕吐、意识模糊和视盘水肿等。随着病情发展，会出现脑组织受损引起的瘫痪、共济失调等症状。

(4) 结节型 结节通常是典型的嗜酸性肉芽肿，内部可能含有夏科-莱登结晶或虫体，多分布在下腹部和大腿的皮下或深层肌肉内，也见于胸部、背部、腹股沟等位置，大小为 1～6 cm。

2.1.2.7 诊断与防控措施

1. 诊断方法

(1) 病原学检查 包括痰液涂片法、粪涂片法。

(2) 体液检查 脑型患者的脑脊液中可能出现嗜酸性粒细胞，蛋白质含量略有上升，可进行脑脊液检查。腹水和胸腔积液检查可见其呈现草黄色或血红色。

(3) 免疫学检查 包括皮内试验、后尾蚴膜试验等。

(4) 组织病理检查 皮下结节或包块病理检查可见虫卵或成虫。

(5) 纤维支气管镜检 通过观察黏膜的充血、水肿、溃疡、支气管狭窄以及黏膜下白色的粟粒状结节来进行诊断。

2. 防控措施

常用的治疗药物为吡喹酮。

预防并殖吸虫病关键在于严格避免食用不熟的石蟹、蝲蛄及生水等食物。一旦发现感染，应该立即进行治疗。

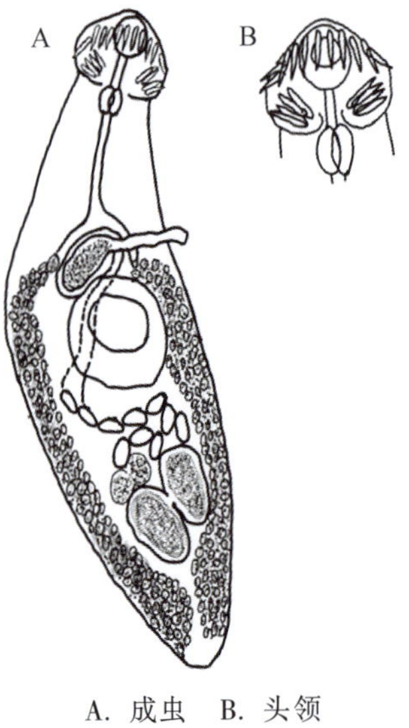

A. 成虫 B. 头领

图 2-9 宫川棘口吸虫

2.1.3 棘口吸虫病

棘口吸虫病（opisthorchiasis）是一种由棘口吸虫（*Opisthorchis*）引起的人兽共患寄生虫病。全球已报道的棘口科吸虫种类超过 600 种，其中大多数寄生于家禽等鸟类，少部分寄生于哺乳动物，极少数寄生于鱼类。

2.1.3.1 病原形态

棘口科吸虫，种类繁多，其中主要包括棘口属、棘缘属、低颈属、棘隙属等。其中常见的人兽共患的棘口科吸虫有以下 4 种。

(1) 宫川棘口吸虫 虫体大小为(8.6～18.4) mm×(1.62～2.48) mm，虫卵大小为(95～104) μm×(58～66) μm（图 2-9）。

(2) 曲领棘缘吸虫　虫体小，呈长叶形，活虫体呈浅黄色，体前部常向腹面弯曲。虫体大小为(4.10～5.25) mm × (0.68～0.90) mm。虫卵呈椭圆形，淡黄色，大小为(94～106) μm × (58～68) μm。

(3) 似锥低颈吸虫　虫体肥厚，活虫体呈黄红色，头端钝圆，其体部逐渐变窄，呈圆锥状，大小为(5.2～11.8) mm × (0.82～1.79) mm。虫卵为椭圆形，大小为(86～112) μm × (58～80) μm。

(4) 日本棘隙吸虫　虫体较小，呈椭圆形，大小为(1.03～1.38) mm × (0.36～0.45) mm。虫卵大小为(62～64) μm × (42～45) μm。

2.1.3.2　生活史

棘口吸虫的发育过程通常需要两个中间宿主。第一中间宿主是淡水螺，第二中间宿主是淡水鱼或蛙类。棘口吸虫的成虫主要寄生于鸟类的肠道中，排出的虫卵随粪便进入水中。虫卵经过一段时间孵化为毛蚴，毛蚴随后侵入第一中间宿主淡水螺体内，发育为胞蚴。在淡水螺体内，胞蚴进一步发育为雷蚴、尾蚴。成熟的尾蚴会离开螺体，侵入第二中间宿主，并在其体内发育为囊蚴。囊蚴破裂后，幼虫附着于宿主的肠道，16～22 天发育为成虫(图 2-10)。

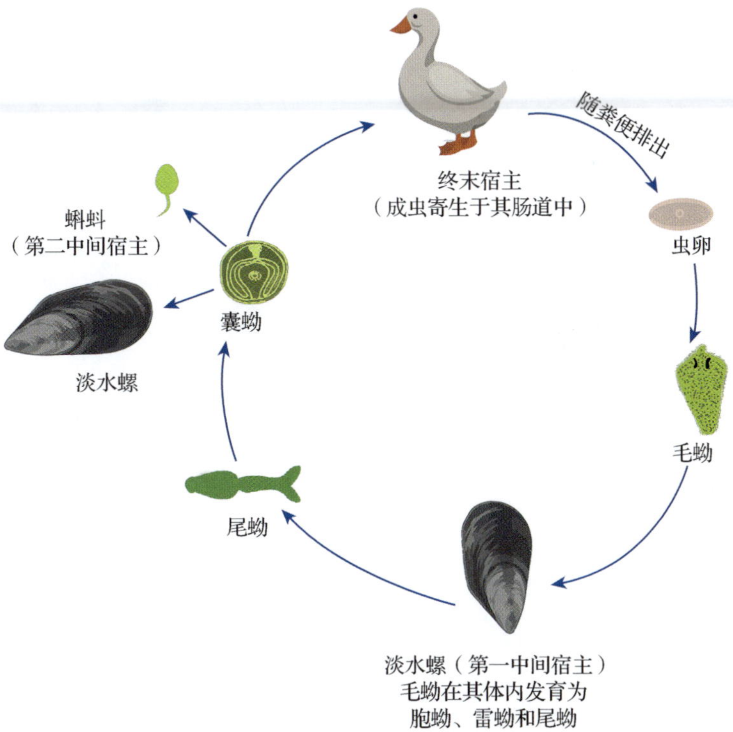

图 2-10　棘口吸虫生活史

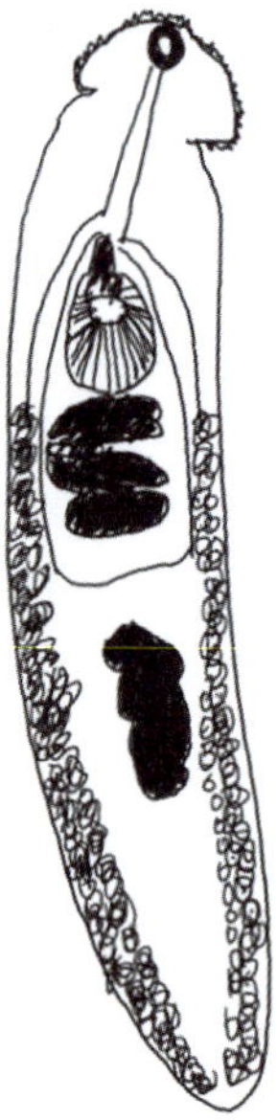

图 2-11 卷棘口吸虫

2.1.3.3 寄生部位

棘口吸虫主要寄生于家禽、野禽或人的小肠、十二指肠和盲肠。

2.1.3.4 流行病学

棘口吸虫是一种人兽共患的寄生虫，除了寄生于鸟类外，也可能感染哺乳动物。在全球范围内广泛分布，亚洲、美洲、欧洲和大洋洲均有相关报道。在东南亚地区，尤其是泰国、老挝和柬埔寨，已出现卷棘口吸虫（图 2-11）感染人的案例。棘口吸虫病主要发生在经常食用生的或未完全煮熟的蜗牛和青蛙的地区。此外，卷棘口吸虫还被发现寄生于啮齿动物和蜗牛中，如在韩国的家鼠和越南的蜗牛体内。

2.1.3.5 易感动物

宫川棘口吸虫、曲领棘缘吸虫、似锥低颈吸虫主要寄生于鸡、鸭、鹅，也寄生于犬和人。

日本棘隙吸虫寄生于人、褐家鼠、犬、鸡、鸭、鹅、猫、狐等（图 2-12）。

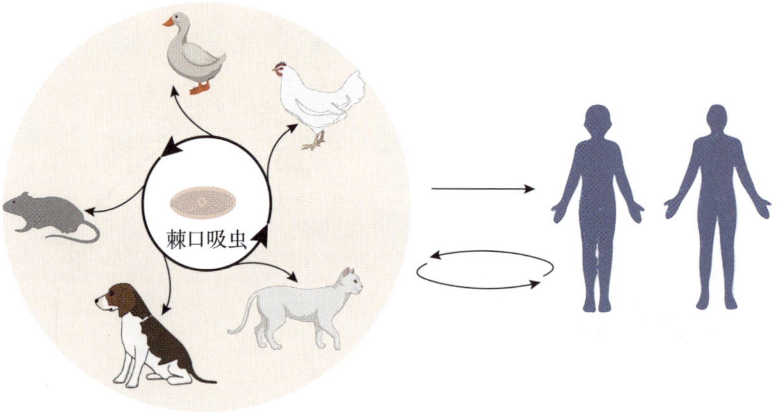

图 2-12 棘口吸虫易感动物示意

2.1.3.6 临床症状

当棘口吸虫寄生数量较少时，危害较小；但在严重感染的情况下，患者可能会出现消化不良、食欲不振和腹泻等症状，甚至可能死亡。

2.1.3.7 诊断与防控措施

1. 诊断

用直接沉淀法或涂片法检查粪便中的虫卵。死后剖检可在肠中检获大量虫体。阿苯达唑、吡喹酮、芬苯达唑、氯硝柳胺为有效治疗药物。

2. 防控措施

(1) 在流行地区对家禽等终末宿主进行驱虫,防止病原传播。

(2) 灭杀淡水螺、蝌蚪等中间宿主。

(3) 不用生的鱼类、蝌蚪等饲喂家禽。

(4) 加强健康教育,养成良好的卫生习惯。

2.1.4 棘球蚴病

棘球蚴病(echinococcosis),也称为包虫病,是一种由棘球属绦虫(*Echinococcus*)幼虫引起的人兽共患寄生虫病。包虫病在全球范围内广泛分布,全球约有 5 000 万患者,某些地区的感染率甚至高达 10%。动物包虫病造成的经济损失约为 20 亿美元 / 年。

2.1.4.1 病原形态

1. 细粒棘球绦虫

虫体较小,体长 1.5～9.2 mm,通常有 3～4 个节片:头节、幼节、成节或孕节。顶突上有两圈放射状小钩,数量 28～50 个。生殖孔在节片的侧缘中点之后。成节中有一套雌、雄性生殖器官,睾丸均匀地分布在生殖孔的前后,子宫有小侧状分支。虫卵大小为(32～36) μm × (25～30) μm(图 2-13)。

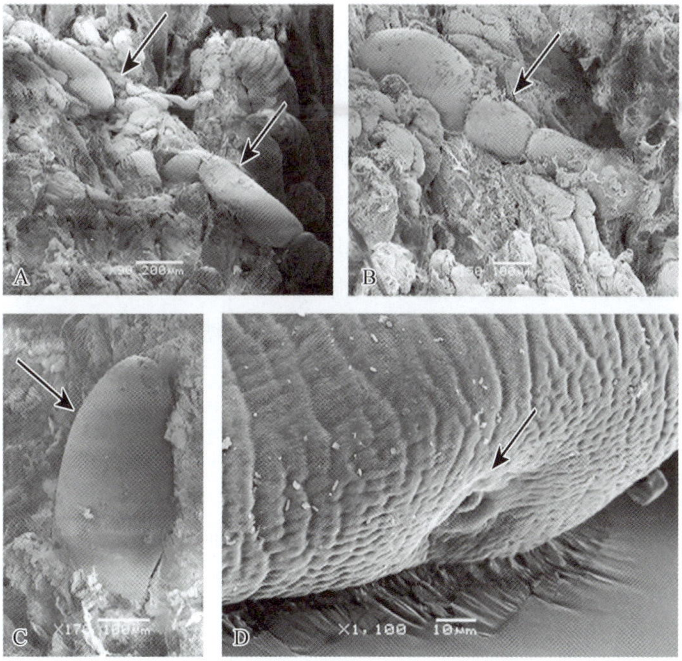

A～C. 肠绒毛间的成虫　D. 生殖器孔

图 2-13　细粒棘球绦虫扫描电镜照片

(引自:Soriano et al., 2014)

2. 多房棘球绦虫

虫体长度为 1.2～4.5 mm，平均有 3～4 个节片（图 2-14）。头节上有两排吻钩，数量 14～34 个。链体的倒数第 2 节和第 3 节是成节，生殖孔在节片的侧缘中点之前。睾丸有 16～35 个，主要分布在生殖孔之后。子宫为囊状分支。虫卵大小为（30～33）μm×（29～34）μm。

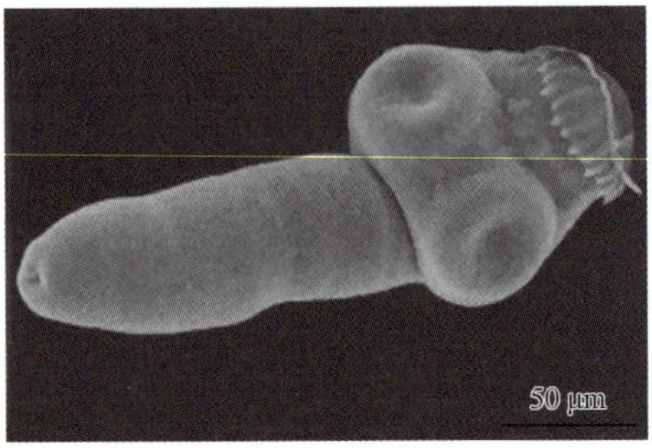

图 2-14 多房棘球蚴扫描电镜照片
（引自：María and Celina，2014）

2.1.4.2 生活史

1. 细粒棘球绦虫生活史

有蹄动物如山羊、猪和牛等家畜，在放牧过程中采食到由终末宿主排出的含有虫卵的粪便所污染的食物和水，卵内的六钩蚴到达消化道后钻入肠壁，并随淋巴和血液分散到肺等器官，缓慢地发育成细粒棘球蚴，生长可持续数年（图 2-15）。

2. 多房棘球绦虫生活史

啮齿类动物误食终末宿主排出的虫卵或孕卵节，虫卵在其消化道中孵化出六钩蚴。六钩蚴穿透肠壁，随血液传播到肝、肺等器官，经过 3～5 个月形成泡球蚴。当终末宿主捕食感染的啮齿动物时，泡球蚴中的原头蚴会进入终末宿主的小肠，并在 30～33 天内发育为成虫（图 2-16）。

2.1.4.3 寄生部位

棘球绦虫主要寄生于动物和人的肝、肺等器官。

2.1.4.4 流行病学

在中国，囊型包虫病和泡型包虫病的感染率分别占全球感染率的 40% 和 95%。2001—2004 年在中国进行的第二次寄生虫病调查发现，有 38 万人感染这两种棘球蚴病，全国有 5 000 万人面临感染风险。1983—2020 年棘球绦虫流行情况（绵羊）见表 2-2。

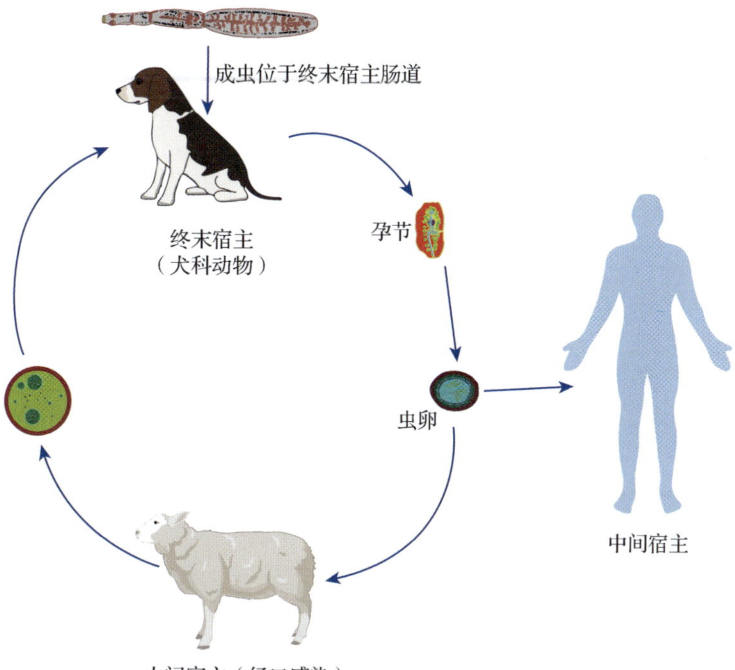

图 2-15　细粒棘球绦虫生活史

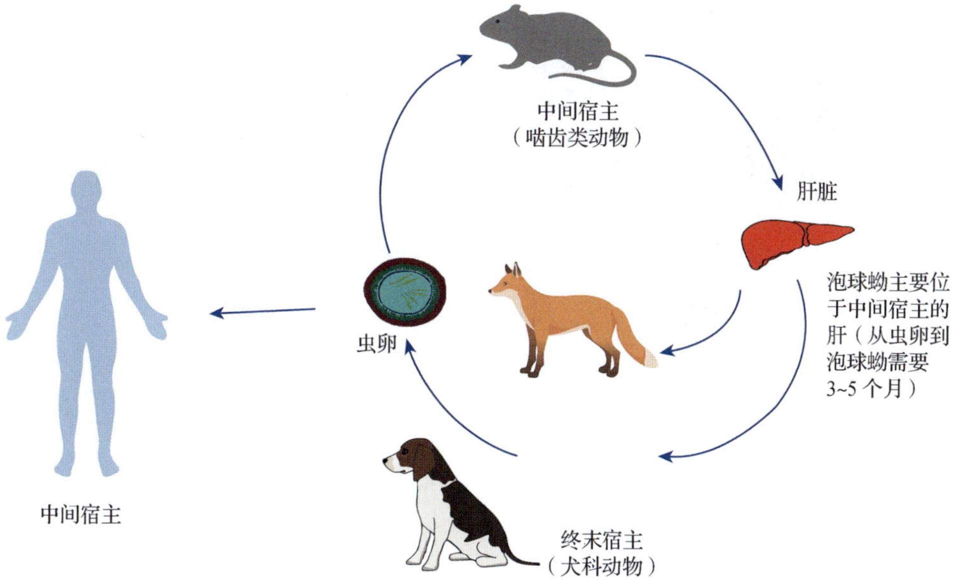

图 2-16　多房棘球绦虫生活史

表 2-2 1983—2020 年棘球绦虫流行情况(绵羊)(引自:Gao et al.,2021)

省(区)	感染率
四川	78.35%
内蒙古	74.58%
青海	42.41%
西藏	36.62%
甘肃	28.35%
新疆	26.73%
黑龙江	2.90%
河北	2.45%
辽宁	1.69%
宁夏	1.43%

2.1.4.5 易感动物

细粒棘球绦虫的中间宿主为人及猪、马、羊、鹿、牛等动物(图 2-17),其中绵羊是最适宜的中间宿主,终末宿主为狼、犬、狐等犬科肉食动物。

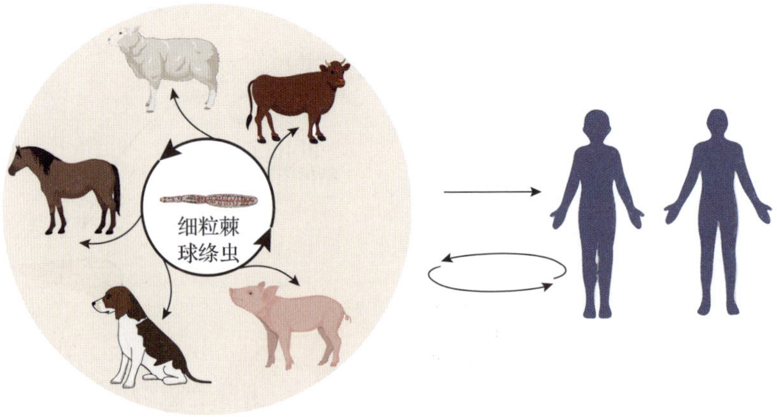

图 2-17 细粒棘球绦虫易感动物示意

多房棘球绦虫的中间宿主主要为啮齿类动物,如鼹鼠、松鼠和仓鼠等(图 2-18),终末宿主包括藏狐、沙狐、犬和狼等犬科肉食动物。

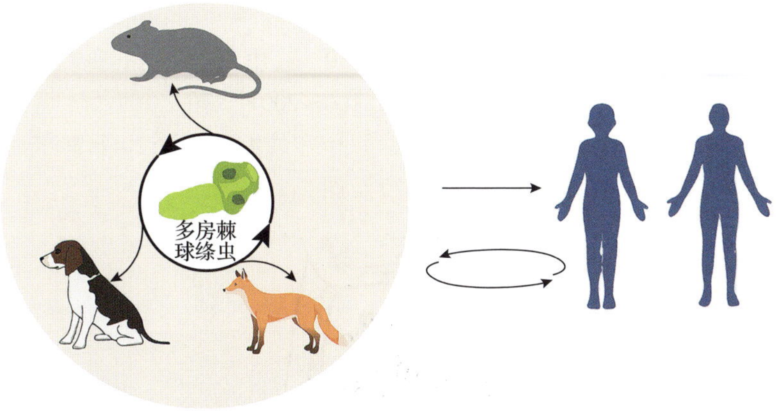

图 2-18　多房棘球绦虫易感动物示意

2.1.4.6　临床症状

主要表现为肝损伤,伴随类似肝癌症状的泡状棘球蚴增生,导致动物或人组织和器官的功能障碍。随着虫体不断变大增多,会对周围组织产生强烈的压迫,导致组织萎缩和功能损伤。如果肝和肺内寄生大量虫体,器官实质会显著萎缩,最终可能导致死亡。如果寄生的虫体较小且数量较少,症状为呼吸困难、消化障碍和腹水等。患病动物会逐渐消瘦,最终由于恶病质或窒息而死亡。

2.1.4.7　诊断与防控措施

1. 诊断

(1) 初步诊断　根据病原的流行病学特征和患病动物的临床表现可进行初步诊断。

(2) 虫卵检查　粪便经漂浮集卵后,在显微镜下观察有无绦虫卵。

(3) PCR 诊断技术　可用于检测细粒棘球绦虫的基因型以及棘球属绦虫的成虫、幼虫和虫卵的不同发育阶段。

阿苯达唑、吡喹酮对该病有较好疗效。

2. 防控措施

(1) 对犬进行定期驱虫,并在驱虫后对犬粪进行无害化处理,以防止病原的扩散。

(2) 对病畜脏器需要进行高温消杀。

(3) 加强饲养人员的健康教育,养成良好的卫生习惯。

为根除传染源,应控制并清除畜群周围的野犬及其他野生肉食动物;推广使用我国生产的羊棘球蚴病(包虫病)基因工程亚单位疫苗进行羊的免疫预防。

2.1.5　犬复孔绦虫病

犬复孔绦虫病是由囊宫科复孔属的犬复孔绦虫(*Dipylidium caninum*)引起的。犬复孔绦虫常寄生于犬和猫的小肠中,而人感染的情况相对较少。

2.1.5.1 病原形态

犬复孔绦虫一般长 10～20 cm，最长可达 50 cm，由 200 个宽 3 mm 左右的节片组成。每一成节内含雌雄 2 套生殖器官，睾丸 100～200 个（图 2-19）。孕卵节片内的子宫初始状态为网状，后期分化为许多卵袋。每个卵袋内大约含 20 个虫卵。虫卵呈圆形，直径为 35～50 μm，内含六钩蚴（图 2-20 至图 2-23）。

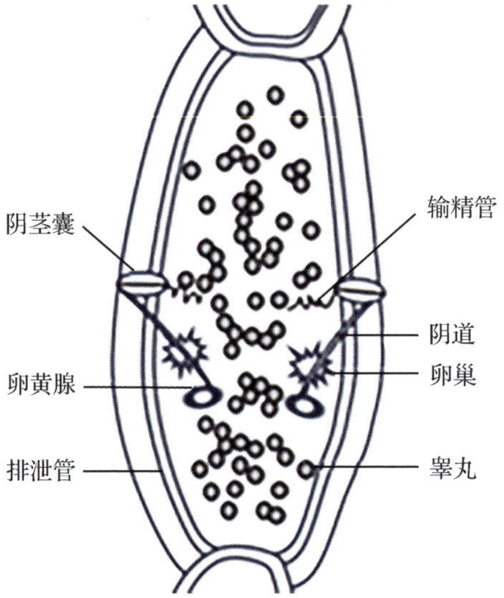

图 2-19　犬复孔绦虫虫体结构示意

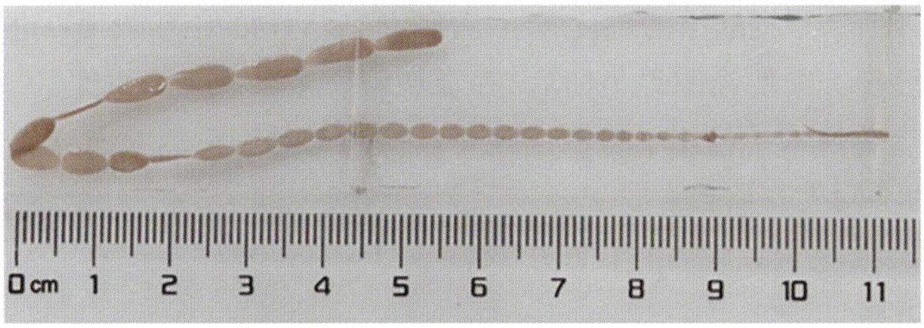

图 2-20　犬复孔绦虫成虫虫体

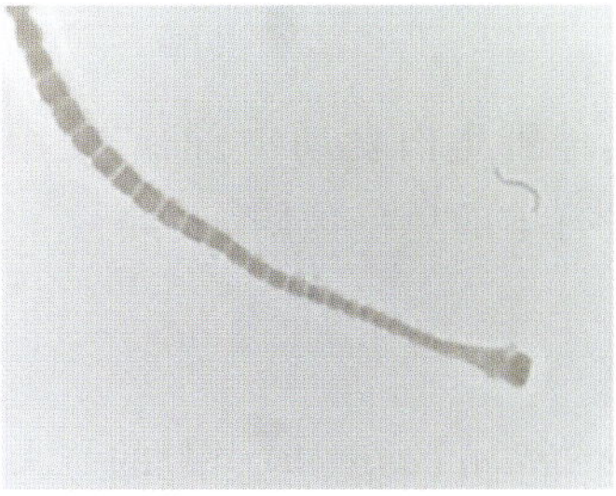

图 2-21　犬复孔绦虫头部

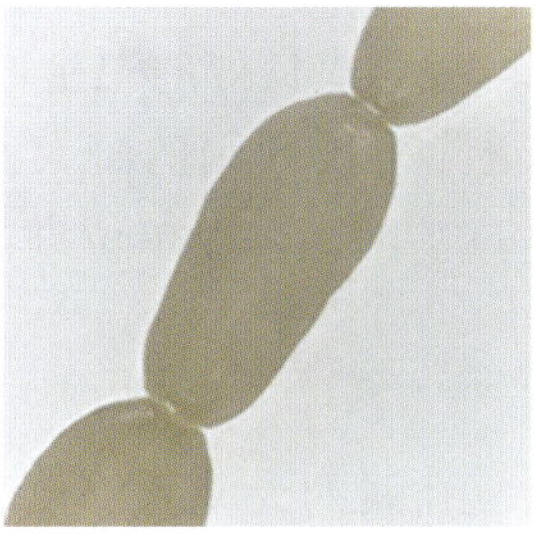

图 2-22　犬复孔绦虫中部体节

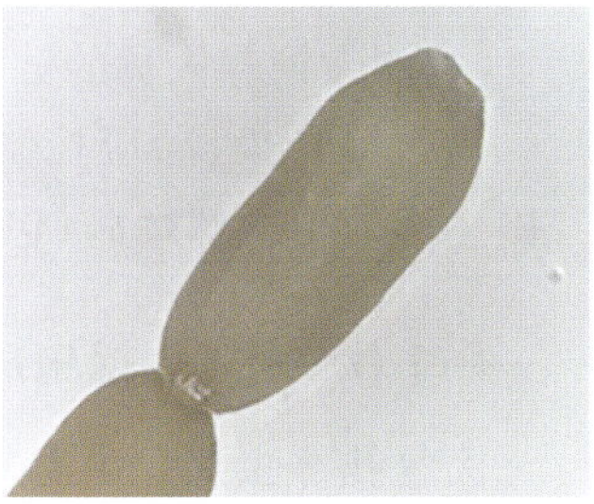

图 2-23　犬复孔绦虫尾部

2.1.5.2　生活史

犬复孔绦虫需要一个中间宿主和一个终末宿主。其中间宿主主要是跳蚤，其次是毛虱。患犬粪便排出体外时会带有含虫卵的节片，虫卵被蚤类幼虫吞食后，虫卵内的六钩蚴在蚤类幼虫体腔内经过约 2.5 周发育为似囊尾蚴。随着宿主的不断发育，最后寄生于成蚤体内。犬、猫等动物被感染的主要原因是舔毛而吞入含有似囊尾蚴的跳蚤。在终末宿主小肠内，似囊尾蚴经 21 天左右发育为成虫（图 2-24）。

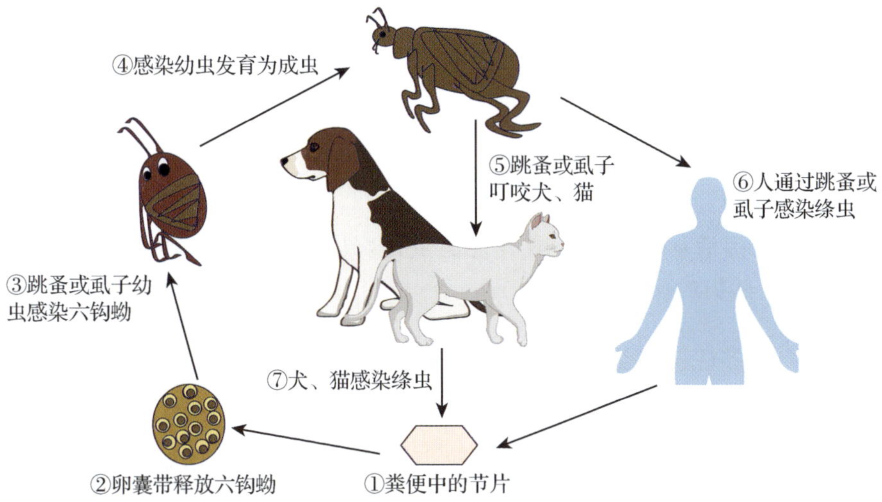

图 2-24　犬复孔绦虫生活史

2.1.5.3　寄生部位

犬复孔绦虫主要寄生部位为犬、猫、狐等肉食动物的小肠内。

2.1.5.4　流行病学

犬复孔绦虫病广泛分布于世界各地，在我国各省份均有报道，无明显季节性。

2.1.5.5　易感动物

犬和猫的感染率较高，尤其是流浪犬和流浪猫。此外，狐狸、狼和虎等野生食肉动物也有感染的情况。然而，以人为终末宿主的病例相对较少，全球仅有约 200 例，其中绝大多数为婴幼儿，只有少数为成年人（图 2-25）。

2.1.5.6　感染症状

感染轻微时通常无明显症状，偶尔可见随粪便排出的孕节，有的节片还可以伸缩运动。随粪便排出的仅是孕节，而虫体则继续在体内繁殖。感染严重时，粪便中可见大量孕节，甚至出现呕吐虫体的症状。

2.1.5.7　诊断与防控措施

诊断时，检查犬、猫肛门周围被毛上是否有绦虫节片；检查粪便中的孕节、虫卵和卵袋。预防措施有：定期驱虫，包括体内体外寄生虫；不饲喂生食；保持生活环境

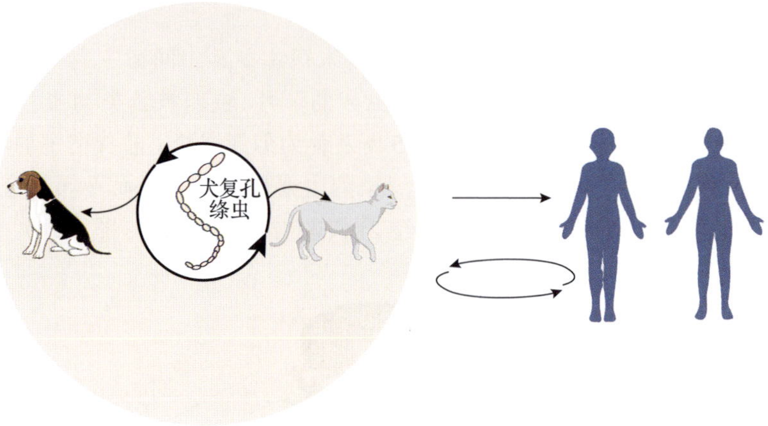

图 2-25 犬复孔绦虫易感动物示意

清洁，定期驱杀生活环境内蚤类或其他昆虫；食具、笼舍、窝垫、衣服等经常清洗消毒，以降低重复感染的概率。

2.1.6 犬曼氏迭宫绦虫病

曼氏迭宫绦虫（*Spirometra mansoni*）常寄生于犬、猫等宠物或狼、虎及其他野生食肉动物的小肠中，人感染的情况相对较少。曼氏迭宫绦虫成虫危害较小，发育阶段中裂头蚴时期危害最大。

2.1.6.1 病原形态

曼氏迭宫绦虫成虫大多长为 40～60 cm（图 2-26），最长者甚至可以达到 1 m。头节呈手指指节状（图 2-27 和图 2-28）。虫卵长 50～75 μm，宽 30～45 μm，淡黄色，形似柠檬，有卵盖（图 2-29）。曼氏裂头蚴长度差距较大，在同一宿主体内可以达到 0.3～100 cm。

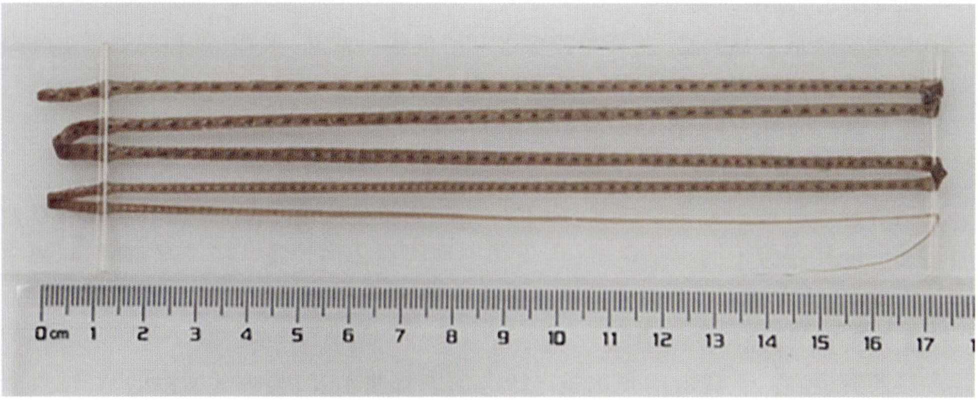

图 2-26 曼氏迭宫绦虫成虫

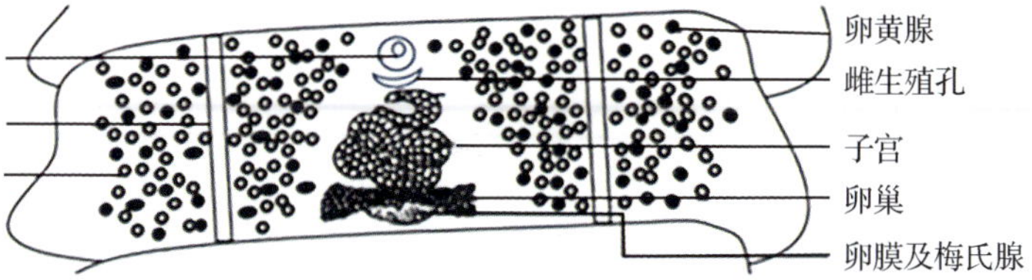

图 2-27　曼氏迭宫绦虫虫体结构示意

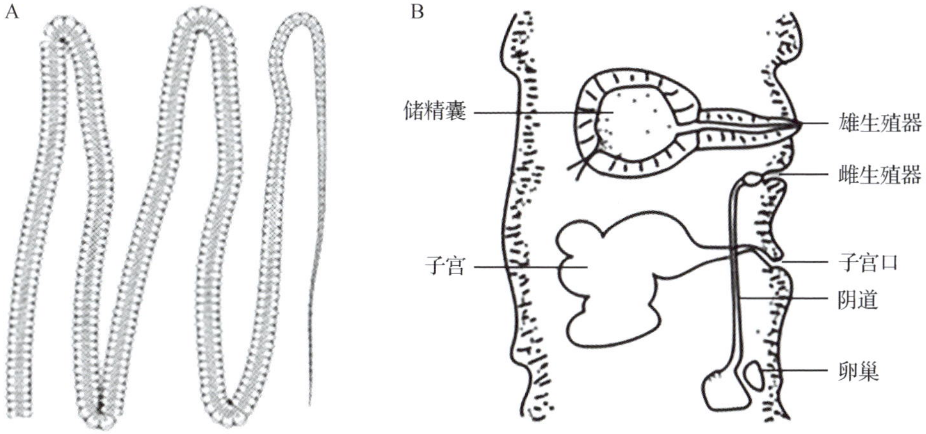

图 2-28　曼氏迭宫绦虫成虫（A）、成节切面（B）示意

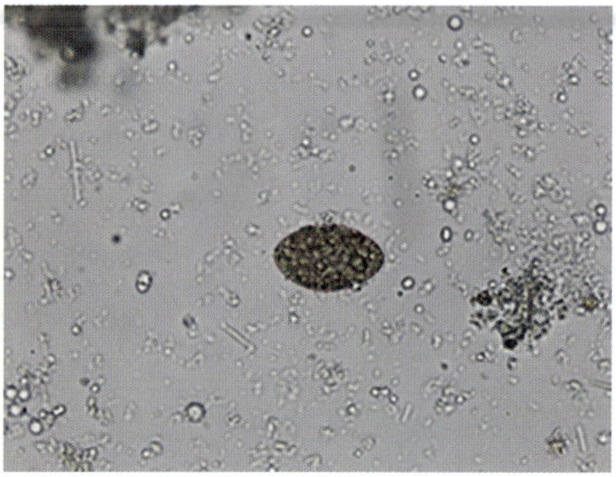

图 2-29　曼氏迭宫绦虫虫卵（400 倍）

2.1.6.2　生活史

曼氏迭宫绦虫的生活史较为复杂，需要经历两个中间宿主和一个终末宿主（图 2-30）。粪便中的虫卵在水中发育为钩球蚴。第一中间宿主是剑水蚤，在其体内发育为原尾蚴。第二中间宿主主要是蛙，在其体内发育为裂头蚴。多种动物，如蛇、鸟类和猪，可以作为转续宿主，但在转续宿主体内不发育。如果第二中间宿主被非正常宿主（转

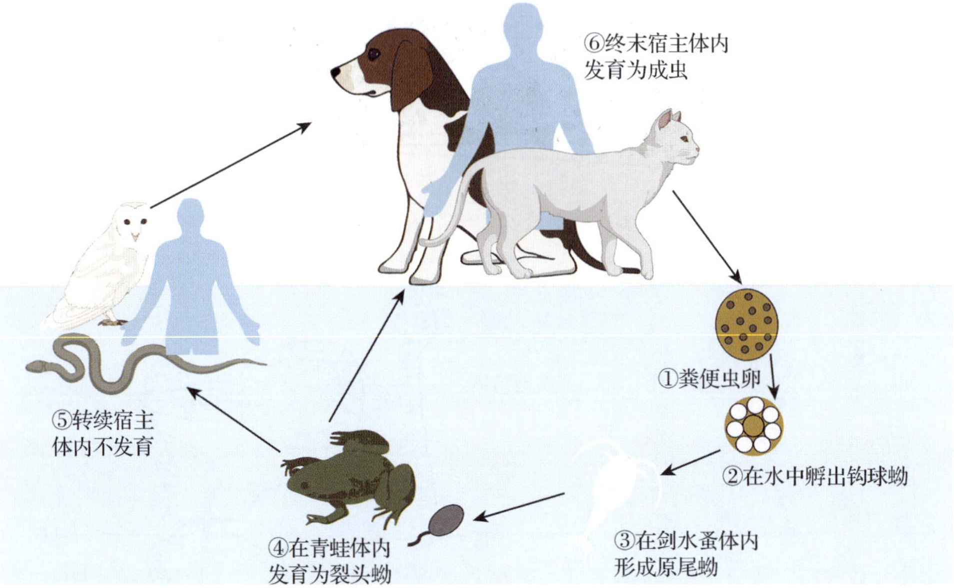

图 2-30 孟氏迭宫绦虫生活史

续宿主）吞食，则无法发育为成虫；而如果被终末宿主吞食，则可以继续发育为成虫，成虫在终末宿主体内的寿命可达 3～5 年。终末宿主主要是猫和犬，其次是虎、豹、狐等食肉动物。

2.1.6.3 寄生部位

曼氏裂头蚴通常寄生于人的眼睑部、口腔、颌面部、四肢、躯体、皮下和内脏。

2.1.6.4 流行病学

曼氏迭宫绦虫病常见于东亚和东南亚，其他地区有少量报道。以人为宿主较少见，我国报道的成虫感染病例较少，仅有 10 余例。但是，裂头蚴病危害较大，在我国已有数千例报道，几乎每个省（区、市）均有感染，以临海地区为主（表 2-3）。

表 2-3 1988—2016 年曼氏迭宫绦虫流行情况（人）（引自：Hong et al.，2016）

省（区）	感染病例 / 人
广东	25
福建	19
湖南	17
河南	16
广西	8
江西	6

2.1.6.5　易感动物

曼氏迭宫绦虫是一种动物源性的人兽共患寄生虫，人在偶然情况下可能被该虫感染并寄生，可以充当除第一宿主外的所有宿主角色。我国的曼氏裂头蚴病例中，男性多于女性（图 2-31）。

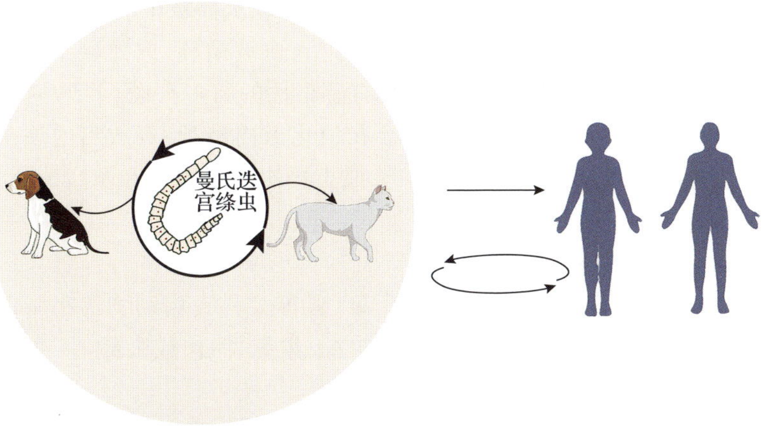

图 2-31　曼氏迭宫绦虫易感动物示意

2.1.6.6　感染症状

犬、猫轻度感染时通常不表现明显症状，但严重感染时表现为水样腹泻或虫体堵塞肠道导致严重便秘，以及食欲不振、严重消瘦等。当人感染时，会出现皮下肿胀疼痛、眼睑红肿下垂、结膜充血、头晕，严重时可出现抽搐、肢体麻木等症状。

2.1.6.7　诊断与防控措施

依据临床症状，结合犬、猫等终末宿主的粪检虫卵结果加以判定。必要时可进行驱虫观察。在日常生活中，对犬、猫应进行定期驱虫，控制病原的传播以减少猪和鸟类等动物的感染。屠宰场未经无害化处理的非正常肉及内脏不得进入市场。在各个社区广泛推广科学教育，倡导不饮用生水，不食用未煮熟的肉类。

2.1.7　多头带绦虫病

多头带绦虫病是一种由多头带绦虫（*Taenia multiceps*）的中绦期幼虫，即脑多头蚴感染所引起的疾病，可导致宿主出现脑炎、脑膜炎及神经功能障碍，是一种可能致命的人兽共患寄生虫病，也常被称为脑包虫病。主要影响绵羊、山羊、牛等反刍动物，有时也会感染人，造成严重的健康问题。

2.1.7.1　病原形态

多头带绦虫成虫可长达 40～100 cm，由 200～250 个节片组成。头节上有顶突和两圈小钩，小钩数量 22～32 个。孕节的子宫内充满虫卵，子宫侧支为 14～26 对。脑多头蚴为乳白色、半透明的囊泡，呈球形至卵圆形。囊壁主要由两层膜构成，外膜是角质层，内膜则是生发层，其上各有十几个甚至上百个数量不等且分布不均的原头蚴。

2.1.7.2 生活史

多头带绦虫寄生于终末宿主犬、狼、狐狸等犬科食肉动物的小肠中。当这些动物排泄时，虫卵及孕卵节片随粪排出体外。若节片或虫卵被中间宿主(如羊、牛或人)摄入，从虫卵中孵化出的六钩蚴会穿透肠壁进入血液循环，并随着血液流动到达脑和脊髓，经过 2～3 个月的时间发展成为具有感染性的脑多头蚴。当食肉动物食用了含有脑多头蚴的脑或脊髓，这些多头蚴会在消化道内破裂，释放出的原头蚴会附着在小肠壁上，并在大约 45 天内发育成熟。成虫再次排出虫卵和孕卵节片，继而完成生命周期。

2.1.7.3 寄生部位

多头带绦虫成虫寄生于终末宿主犬、狼、狐等犬科食肉动物的小肠内。幼虫主要寄生于中间宿主的脑和脊髓，也可寄生于皮下组织、肌肉或眼部。

2.1.7.4 流行病学

多头带绦虫病呈世界性分布，在美洲、欧洲、亚洲和非洲均有动物和人感染的报道。在我国多见于西北、华北、东北的广大牧区，犬-羊途径为多头带绦虫在自然界中的主要传播方式。

2.1.7.5 易感动物

多头带绦虫的终末宿主为犬、狼、狐等犬科食肉动物，中间宿主一般为牛、羊等反刍动物，人偶尔可通过误食犬粪便中的虫卵而感染(图 2-32)。

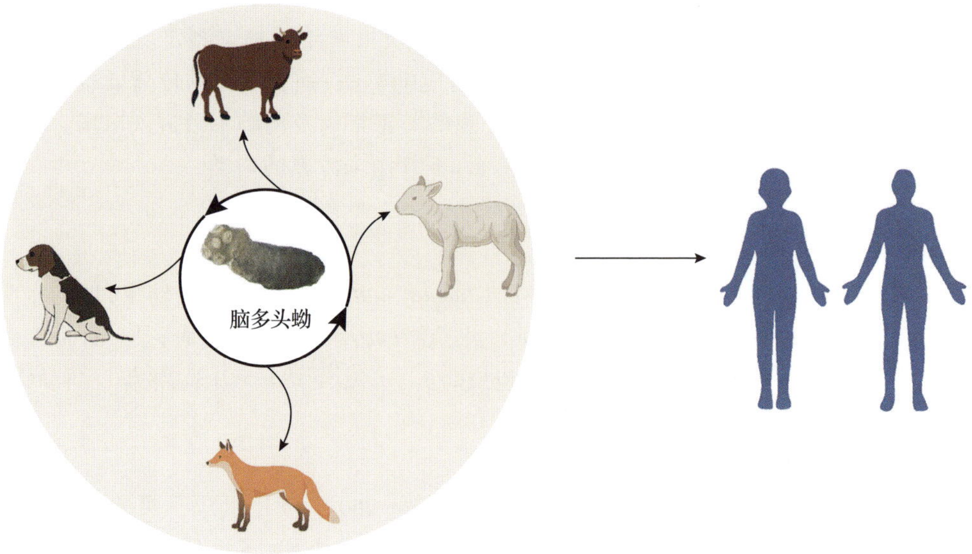

图 2-32　多头带绦虫易感动物示意

2.1.7.6　感染症状

多头带绦虫病的早期阶段表现为六钩蚴迁移到脑引发的炎症反应。当脑多头蚴寄生在牛、羊等动物的脑或脊髓内时，动物通常会出现典型的神经症状及视觉障碍。随着病程的发展，包囊持续增大会导致颅内压力上升，对脑内局部区域产生压迫，进而使患病动物表现出精神萎靡、呕吐以及绕圈行走等症状。对于犬类而言，轻微感染通常不会表现明显症状，重度感染情况也只会出现间歇交替腹泻与便秘、流涎、被毛粗糙、体重减轻及生长发育受阻等问题。

2.1.7.7　诊断与防控措施

1. 诊断方法

(1) 临床诊断　病程后期，可以通过观察患病动物出现的神经症状，以及通过触诊头部骨骼是否变薄变软和皮肤隆起的现象来判断寄生虫的具体位置。当包囊位于较深层次时，头部骨骼的变化不太明显，但是叩诊病变区域的骨头有浊音。最终的确诊还需通过解剖检查来完成。对于成虫，可通过粪检观察是否出现虫卵及孕卵节片来辅助确诊，动物死亡后剖检，在小肠内发现虫体即可确诊。

(2) 血清学诊断　间接血凝试验、酶联免疫吸附试验、免疫胶体金技术利用抗原抗体反应辅助诊断。

(3) 物理诊断　CT 影像、磁共振成像（MRI）等技术用于检测脑部或其他组织内的多头蚴囊泡，特别是脑部的病变情况。

2. 防控措施

对牧犬定期常规驱虫，排泄的粪便进行深埋、烧毁处理，或利用堆积发酵的方法杀死其中的虫卵，以避免污染环境；患畜的脑、脊髓应烧毁或深埋，防止犬吞食到含脑多头蚴的脑及脊髓。

2.1.8　弓首蛔虫病

弓首蛔虫病是一种由弓首蛔虫引起的寄生虫疾病，常见于犬、猫等动物中。弓首蛔虫属于线虫门弓首属弓首科，主要种类包括猫弓首蛔虫（*Toxocara cati*）、犬弓首蛔虫（*Toxocara canis*）和狮弓首蛔虫（*Toxascaris leonina*）等，在全球范围内广泛分布，其中犬、猫是该寄生虫的天然宿主。

2.1.8.1　病原形态

弓首蛔虫成虫虫体的主要颜色为黄白色或浅黄色（图 2-33）。虫卵颜色较深，呈黑褐色或黄褐色，形状为亚球形（图 2-34）。

2.1.8.2　生活史

弓首蛔虫生活史见图 2-35。

图 2-33 弓首蛔虫成虫虫体
（引自：李赵睿羿等，2024）

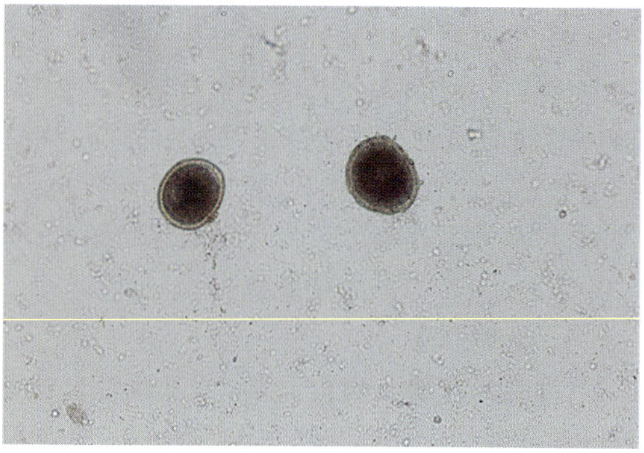

图 2-34 弓首蛔虫虫卵

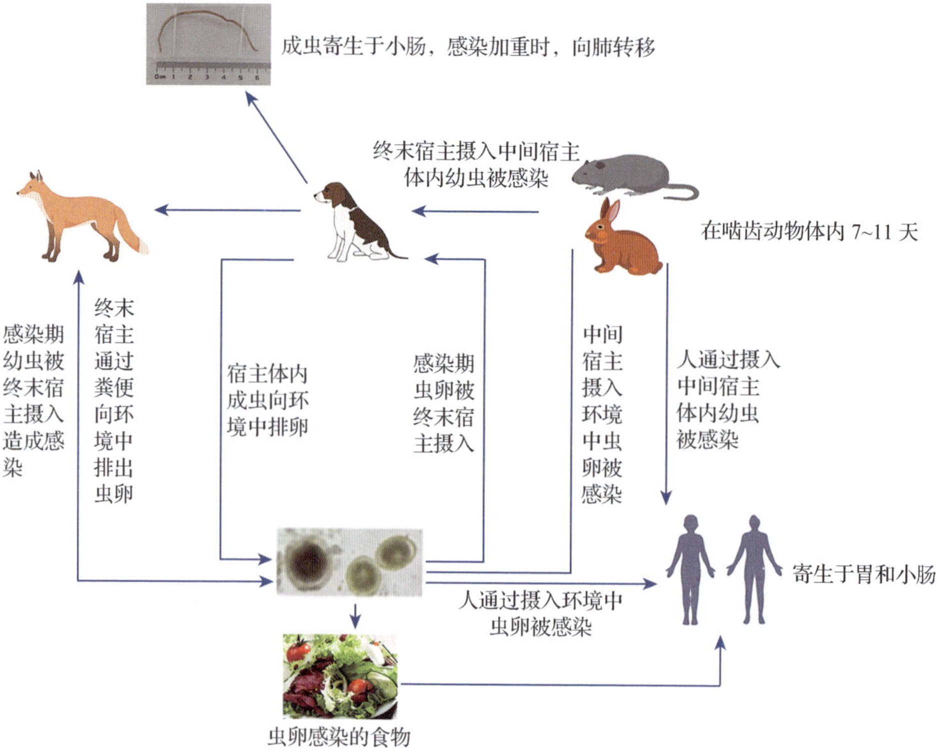

图 2-35 弓首蛔虫生活史

2.1.8.3　寄生部位

弓首蛔虫成虫寄生于宿主小肠内，当感染加重时，幼虫会移行至宿主肺部，进而引发蛔虫性肺炎甚至肺水肿。

2.1.8.4　流行病学

弓首蛔虫呈世界性分布，可感染的犬科、猫科动物种类繁多，不仅包括家养犬、猫，还包括大量野生动物。流行病学数据显示，弓首蛔虫在家养犬、猫中的感染率正在逐年攀升。全球无论是发达国家还是发展中国家，成年犬、猫的感染率为1%～45%，幼年犬、猫的感染率则高达 51%～100%。

2.1.8.5　易感动物

弓首蛔虫主要感染犬科和猫科动物，其中流浪犬、猫感染率较高。还可以传播给与感染动物有过密切接触的人，其中儿童感染弓首蛔虫病的情况较为常见(图 2-36)。

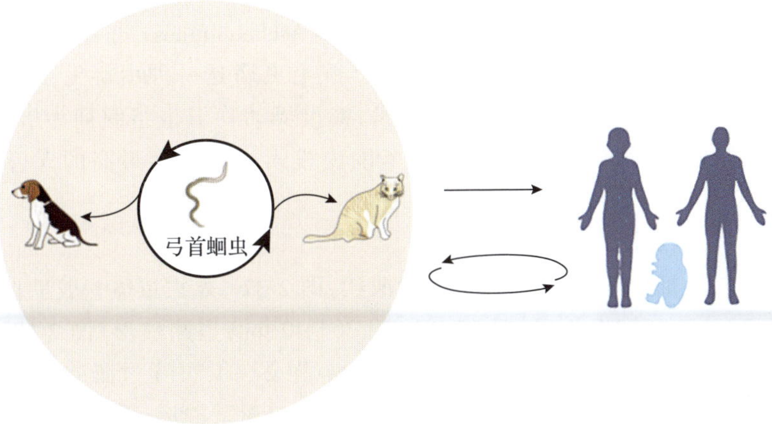

图 2-36　弓首蛔虫易感动物示意

2.1.8.6　感染症状

犬和猫的弓首蛔虫病没有典型的临床症状，当新生犬和猫出现发育迟缓、腹部肿胀或肺炎的情况时可怀疑感染弓首蛔虫。人感染后可能会出现发热、乏力、食欲不振等症状。

2.1.8.7　诊断与防控措施

1. 诊断

犬、猫弓首蛔虫病发病后，会产生特定的免疫反应，可以购买胶体金试纸条对犬、猫弓首蛔虫病进行快速诊断，阳性检出率极高。

2. 防控措施

感染动物可用芬苯达唑、杀螨素、莫西菌素等药物进行治疗。

感染人群一般可以通过药物治疗、手术治疗等方式进行治疗。

(1)药物治疗 可以遵医嘱服用阿苯达唑片、盐酸左旋咪唑片等药物治疗。

(2)手术治疗 如果药物治疗后效果不明显，可以通过手术治疗的方式，将病变组织切除。

对幼犬进行驱虫，幼犬在2周龄、4周龄和2月龄时分别进行一次驱虫。哺乳期需将母犬和幼犬同时给药。对于成年犬，每个季度驱虫一次最佳。要注意犬、猫的食具及食物的清洁，不可随意喂食生食。对犬、猫的生活环境要经常清洁消毒，及时铲除粪便。

易感人群在日常生活中要注意饮食卫生，避免食用未煮熟的食物，尤其是肉类食品，以降低感染风险。可以多吃鸡蛋、苹果、白菜等富含优质蛋白质、维生素的食物，提高身体免疫力；尽量不要接触流浪动物，特别是儿童和老人。

2.1.9 旋毛虫病

旋毛虫（*Trichinella sprialis*）是袋形动物门（Aschelminthes）线虫纲（Nematoda）的寄生线虫，几乎可以感染所有的哺乳动物。旋毛虫病是一种由旋毛虫寄生于机体引起的呈世界性分布的人兽共患寄生虫病，被世界动物卫生组织列为屠宰动物（尤其是猪）强制性必检病种，是目前世界范围内投入控制费用最高的人兽共患寄生虫病。

2.1.9.1 病原形态

旋毛虫是雌雄异株，活虫体一般呈卷曲状（图2-37），死亡虫体一般呈直线状。雌虫一般长3～4 mm，雄虫长度不到2 mm，粗30～40 μm，呈圆柱形（图2-38）。新生幼虫体型极为细小，长0.038～0.183 mm，粗6 μm（图2-39），可穿过肠壁随血液运行至横纹肌。肌幼虫寄生于横纹肌内，一般形成包囊，包囊呈梭形，内含弯曲螺旋状的幼虫（图2-40）。囊膜由两层结缔组织构成，外层很薄，具有大量结缔组织；内层透明呈玻璃样，无细胞。

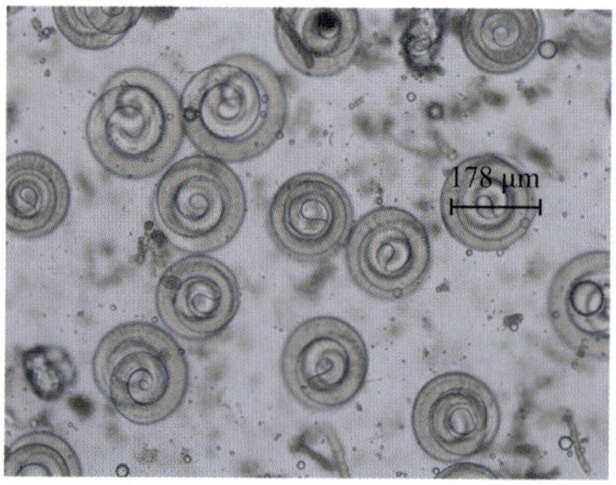

图2-37 （无包囊）旋毛虫肌幼虫（200倍）

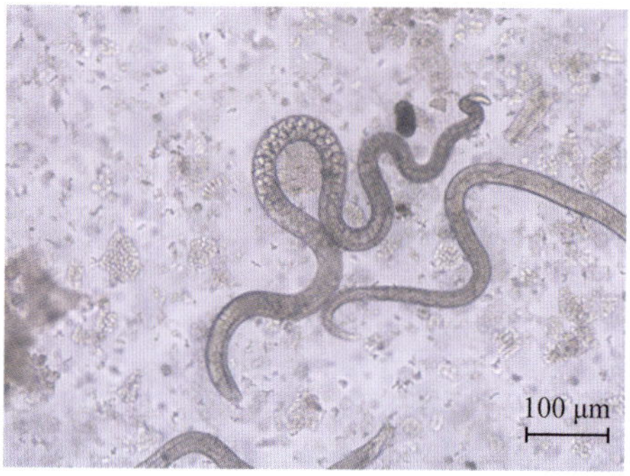

图2-38 旋毛虫成虫（200倍）

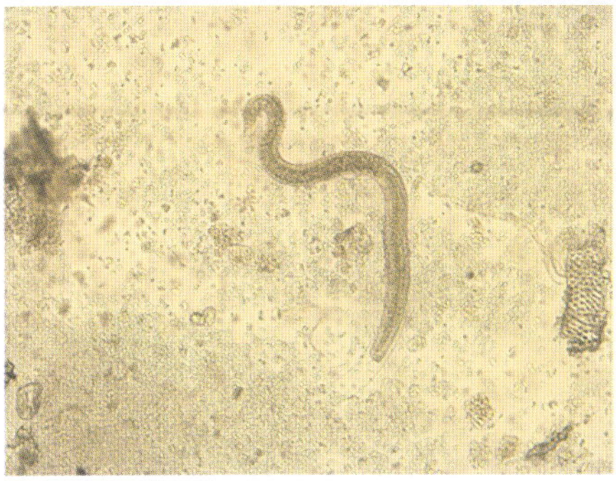

图 2-39　旋毛虫感染性肠幼虫(200 倍)

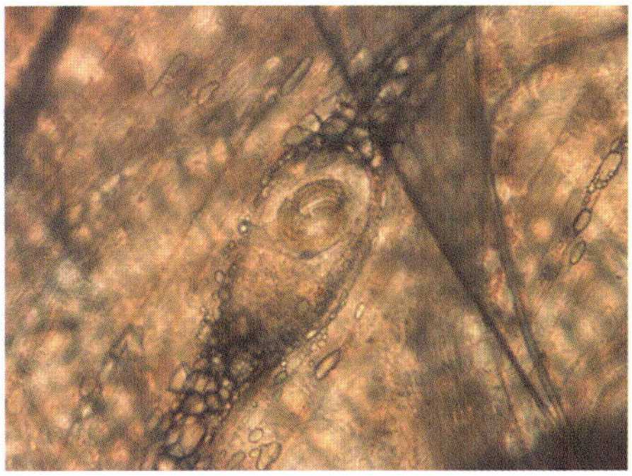

图 2-40　肌肉中的旋毛虫包囊(200 倍)

2.1.9.2　生活史

旋毛虫具有两个传播阶段:一个是在体外食源性传播,另一个是在体内的生命周期。旋毛虫的生活史如图 2-41 所示。

人或者动物食入被旋毛虫感染动物的生肉或未煮熟的肉后,旋毛虫肌幼虫(muscle larva,ML)经过消化系统到达宿主的小肠。在感染后 1~7 天,旋毛虫包囊经过胃液消化后,释放出旋毛虫的感染性肠幼虫(intestinal infectious larva,IIL),入侵肠绒毛上皮,经过 4 次蜕皮发育成旋毛虫成虫(adult worm,AW)。雌雄成虫在小肠中经过交配繁殖,大约在感染 5 天后产生大量微小的旋毛虫新生幼虫(newborn larva,NBL)。从食入旋毛虫包囊到大量产生新生幼虫阶段大概需要 15 天,在此期间会有部分虫体随

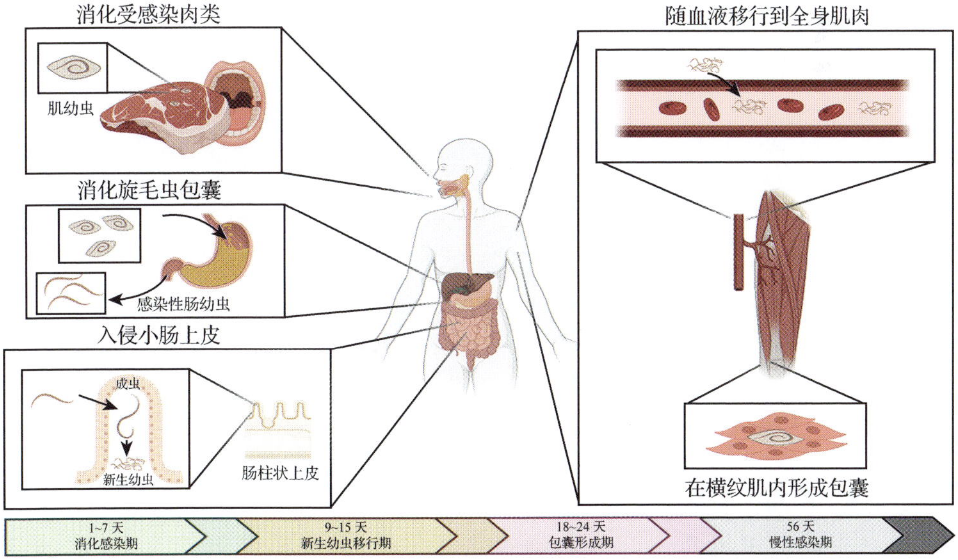

图 2-41　旋毛虫生活史

宿主粪便排出体外。新生幼虫经过虫体移行和宿主体液传播至全身横纹肌，主要聚集在舌肌、咬肌、膈肌中。感染 18 天后，新生幼虫在横纹肌中不断发育，形成包囊包裹自身后不再移动，称为旋毛虫肌幼虫。感染后 56 天左右，基本形成肌幼虫包囊，造成宿主长期慢性感染。

2.1.9.3 寄生部位

旋毛虫早期主要寄生在宿主的小肠上皮内，后期主要寄生在宿主的横纹肌内。

2.1.9.4 流行病学

1964 年，中国首次报道人感染旋毛虫的病例。根据 2009—2020 年我国旋毛虫流行病学统计数据，旋毛虫主要流行于我国西南地区，部分省（区、市）的人血清旋毛虫抗体阳性率高达 42.11%。我国是猪肉第一生产大国，据统计，我国 2000—2021 年猪感染旋毛虫的 ELISA 检测阳性率为 2.54%（表 2-4）。除中国外，该病在美国和欧洲也比较常见，乃至也有研究发现北极地区北极熊感染旋毛虫的情况。

表 2-4 2000—2021 年旋毛虫流行情况（家猪）（引自：Bai et al.，2022）

省（区）	平均感染率
广西	11.70%
黑龙江	10.40%
湖北	6.70%
四川	6.20%
贵州	5.70%
甘肃	5.10%
河南	4.00%
青海	2.70%
山东	1.60%
内蒙古	1.50%
西藏	0.80%
山西	0.60%
江苏	0.50%
云南	0.50%

2.1.9.5 易感动物

旋毛虫几乎可以在所有哺乳动物之间传播，常见感染群体有人、猪、鼠等（图 2-42）。

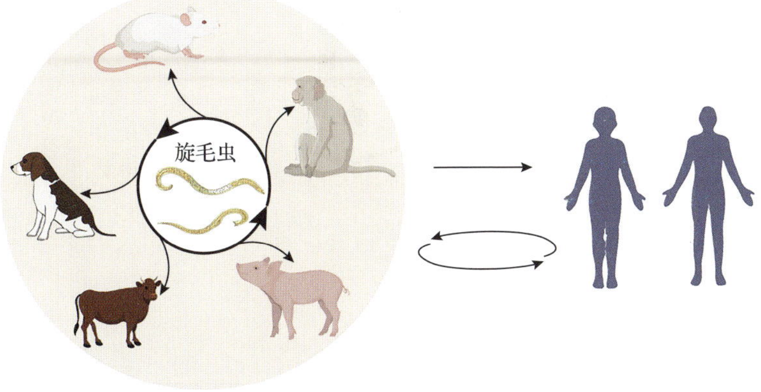

图 2-42　旋毛虫易感动物示意

2.1.9.6　感染症状

感染旋毛虫后，人或者动物可能不会出现明显的症状，也可能因旋毛虫的移行或寄生而出现腹泻、发热、水肿、呕吐、肌肉疼痛、关节疼痛、肺炎、脑炎、神经肌肉紊乱、心肌炎等症状，严重者甚至会死亡。

2.1.9.7　诊断与防控措施

1. 诊断

从 1835 年发现旋毛虫病至今，已研究出病原学诊断、免疫学诊断、分子生物学诊断 3 类诊断技术，最常用于猪屠宰检疫的是直接镜检法和集样消化法。

(1) 病原学诊断　集样消化法检验旋毛虫始于 20 世纪 70 年代，在国外早已普遍应用，这一传统方法在我国也一直沿用至今。集样消化法和镜检法被世界动物卫生组织列为诊断旋毛虫的金标准方法。集样消化法主要操作流程包括采取肌肉样品(主要采集膈肌、舌肌、咬肌等)，消化肌肉样品，过滤，沉淀，漂洗，显微镜观察计数等(图 2-43)。

(2) 免疫学诊断　可用于活体旋毛虫检测。我国列入旋毛虫诊断国标法中的有酶联免疫吸附试验和荧光免疫测流层析试纸条检测。旋毛虫 ELISA 诊断方法有很多种，有间接 ELISA、双抗夹心 ELISA、竞争 ELISA、纳米 ELISA 等。

(3) 分子生物学诊断　旋毛虫现有的分子生物学诊断方法有 PCR、实时荧光定量 PCR、环介导等温扩增技术(LAMP)、基因芯片法、等温重组酶聚合酶扩增(RPA)法等。

2. 防控措施

加强国家食品卫生安全管理，加大健康饮食宣传力度，尽量避免吃生的或未煮熟的肉及肉制品，可以防止旋毛虫感染。阿苯达唑或甲苯咪唑可以有效清除小肠内的虫体及其幼虫，但对于进入肌肉内的虫体效果不佳。旋毛虫的疫苗研制一直在进行中，旋毛虫疫苗主要分为减毒活疫苗、天然抗原疫苗、重组蛋白疫苗、DNA 疫苗和合成肽疫苗。目前，疫苗开发主要集中在重组疫苗和 DNA 疫苗方面。

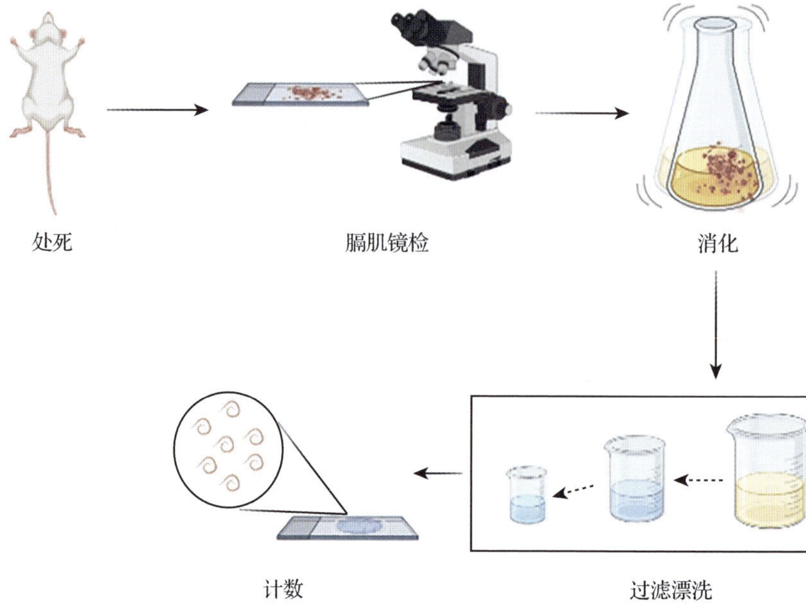

图 2-43 集样消化法操作示意

2.1.10 犬猫心丝虫病

心丝虫病(heartworm disease)又称恶丝虫病(dirofilariasis),是由心丝虫(*Dirofilaria immitis*)引起的一种人兽共患寄生虫病。任何年龄的犬、猫都可经蚊虫叮咬而感染心丝虫病,人类也有感染情况发生。由于猫的心脏较小,一旦感染,死亡率常高于犬。

2.1.10.1 病原形态

犬心丝虫成虫虫体呈细长、乳白色线状,成熟的雌、雄心丝虫交配后产出微丝蚴,微丝蚴呈直线状(图 2-44),寄生于血液。

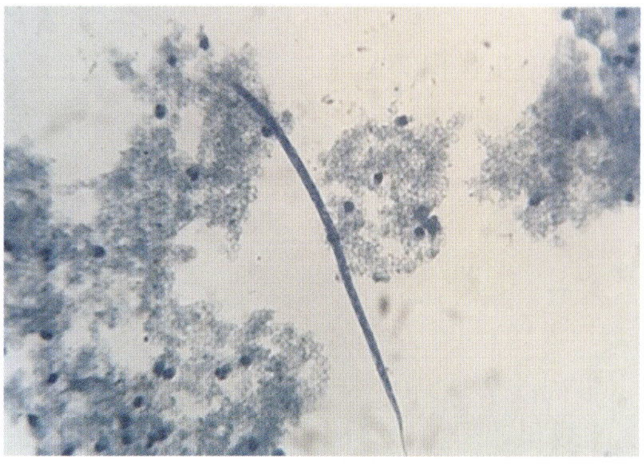
图 2-44 微丝蚴形态
(引自:Alho et al.,2017)

2.1.10.2 生活史

犬心丝虫生活史如图 2-45 所示,当蚊虫叮咬感染犬时将含有微丝蚴的血液吸入肠内,微丝蚴在蚊子体内发育成感染性三期幼虫。三期幼虫通过蚊虫叮咬进入健康犬皮下组织,在皮下、肌肉组织间移行发育为四期幼虫。四期幼虫移行至上腹部或胸腔内,蜕变为五期幼虫。五期幼虫移行进入犬的肺动脉和心脏内发育为成虫,成虫可在动物体内寄生长达 5 年。

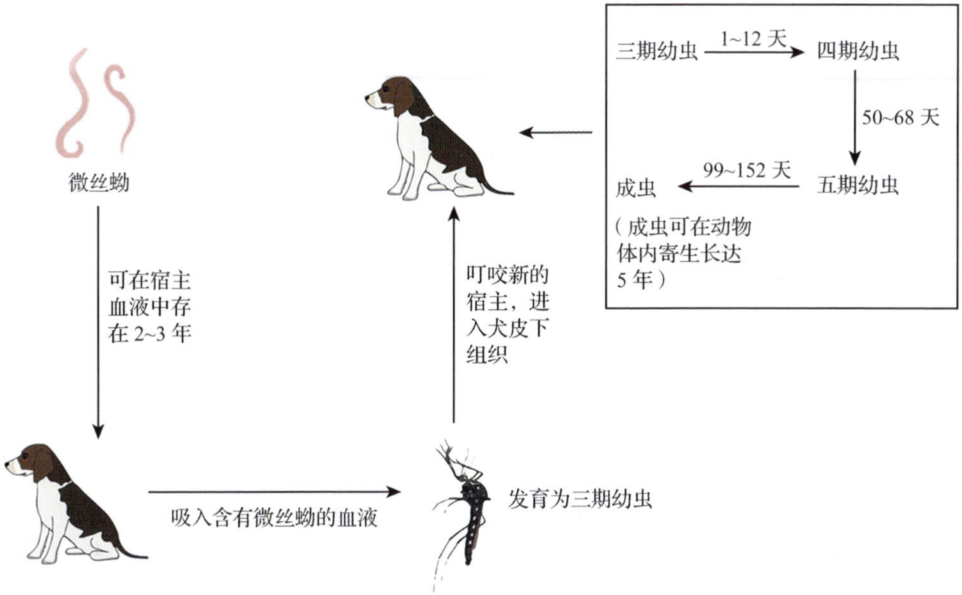

图 2-45 犬心丝虫生活史

2.1.10.3 寄生部位

心丝虫主要寄生于犬、猫的心脏和肺部血管中，其微丝蚴也可寄生于人肺以及体腔或皮下等部位，形成结节肿块，可能会引起组织器官功能障碍（图 2-46）。

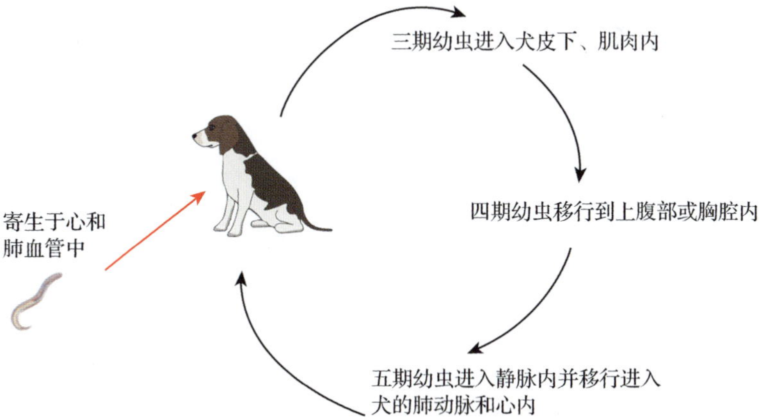

图 2-46 心丝虫寄生部位

2.1.10.4 流行病学

我国内陆地区关于心丝虫感染的报道比南方沿海地区多（表 2-5），犬心丝虫病的高发地区包括美国、意大利、法国、葡萄牙、日本和澳大利亚等。近年来，人和动物的犬心丝虫病的流行范围呈扩大趋势。

表 2-5 2020 年中国不同地区犬心丝虫流行情况（引自：Ying et al., 2023）

省（区、市）	总阳性率
四川	≥ 41.0%
重庆、贵州、台湾	20.1%～40.0%
湖南、广西、辽宁	10.1%～20.0%
北京、江苏、浙江、河南、广州、福建、海南、陕西、江西、云南、黑龙江、内蒙古	0.1%～10.0%
天津、河北、山西、山东、吉林、上海、安徽、湖北、宁夏、甘肃、青海、西藏、新疆	< 0.1%

2.1.10.5 易感动物

心丝虫的宿主多样，主要包括犬、猫、狐狸、狼等（图 2-47）。蚊子是心丝虫病的重要传播媒介，同时也是心丝虫的中间宿主。成虫主要寄生于犬的肺动脉，微丝蚴也可寄生于人的肺。

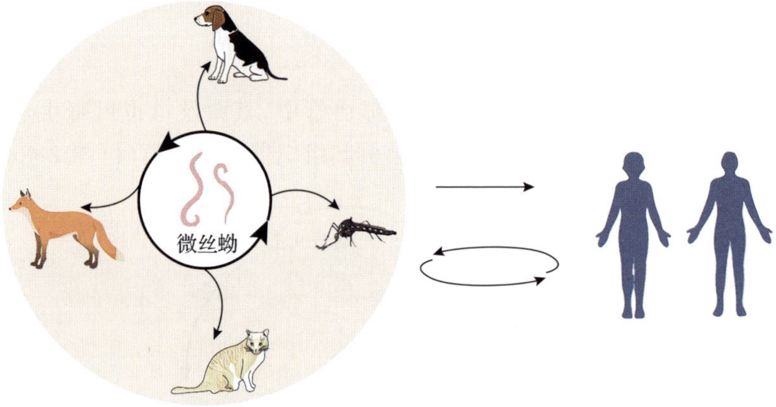

图 2-47 心丝虫易感动物示意

2.1.10.6 感染症状

感染心丝虫初期可能有比较轻微的咳嗽。一段时间后，患病动物精神状态变差，逐渐出现嗜睡、呼吸困难、运动不耐受等症状。感染后期，动物会出现贫血、腹水、肺水肿、心肺衰竭等并发症状。临床检查时，可以观察到右心室增大或肺动脉增粗。

2.1.10.7 诊断与防控措施

1. 诊断方法

最常用的诊断方法是血液检测，数分钟内就能出示结果。根据 X 线片和心脏超声检查可以确定是否感染和感染严重程度。

2. 防控措施

在背腰最长肌深层肌内注射盐酸美拉索明，注射部位可能有持续数天的轻度肿胀和疼痛。

市场上流行的预防心丝虫的药物是大环内酯类抗生素，包括伊维菌素、米尔贝肟、莫西霉素、塞拉菌素等。城市中全年有蚊虫的区域，需要全年每月定期进行驱虫预防。

2.1.11　类圆线虫病

类圆线虫病又称“杆虫病”，是小杆科（Rhabdiasidae）类圆属（*Strongyloides*）的线虫寄生于宿主消化道、肺等引起的寄生虫病。呈世界性分布，在我国各地均有报道。粪口传播和皮肤感染是主要的感染途径，类圆线虫可通过钻入完整的皮肤进入动物机体。

2.1.11.1　病原形态

类圆线虫虫体呈毛发状，长约 2 mm，不同种的类圆线虫大小略有差异。雌虫一般嵌入肠道黏膜，主要是小肠黏膜隐窝内（图 2-48）。食道占体长的 1/3。子宫与肠道交错呈麻花样。类圆线虫虫卵呈卵圆形，壳薄，孵化后的虫卵内有活跃的虫体（图 2-49）。

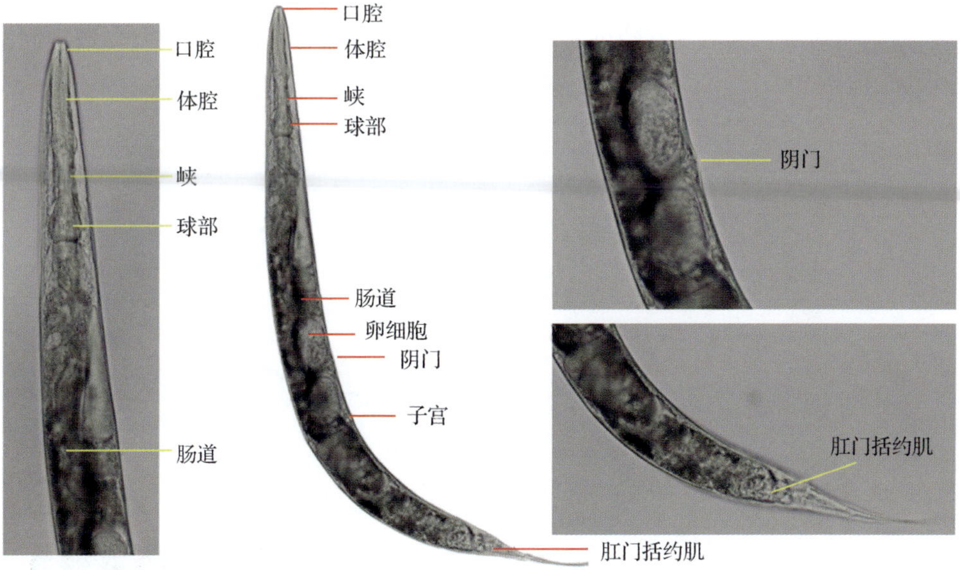

图 2-48　类圆线虫（400 倍）

2.1.11.2　生活史

类圆线虫的生活史比较特殊，包括寄生世代和自生世代两种方式。

1. 寄生世代

类圆线虫穿过皮肤进入血液，随血液移行至心和肺，再从肺泡进入气管、咽等，被吞咽后在小肠中发育为成虫。宿主体内一般仅有雌虫，雌虫在宿主的小肠内产卵，

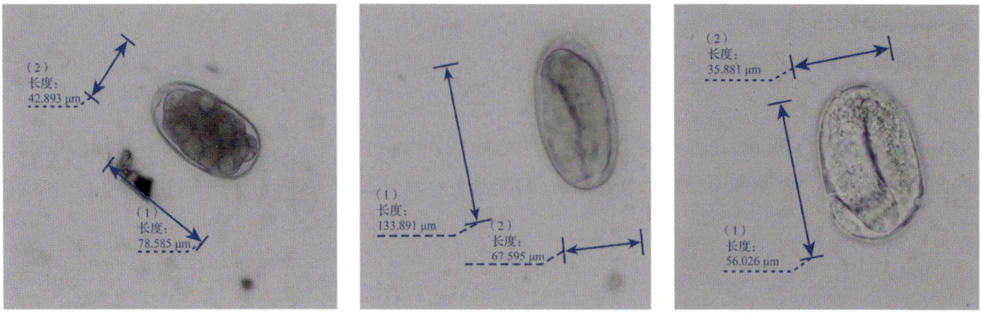

图 2-49 类圆线虫不同时期的虫卵（400 倍）

虫卵在肠道内孵化和发育，再进入肠道内寄生。当类圆线虫经口感染时，从胃黏膜进入血管，然后沿同样的路径迁移。

2. 自生世代

虫卵随粪便排出，在适宜的条件下发育为一期幼虫。一期幼虫在大约 2 天后发育为雌虫和雄虫。雌雄交配后，雌虫排出虫卵，虫卵在适宜的条件下发育为具有感染性的三期幼虫。只有三期幼虫对动物有感染性。感染性三期幼虫可经口或皮肤感染动物（图 2-50）。

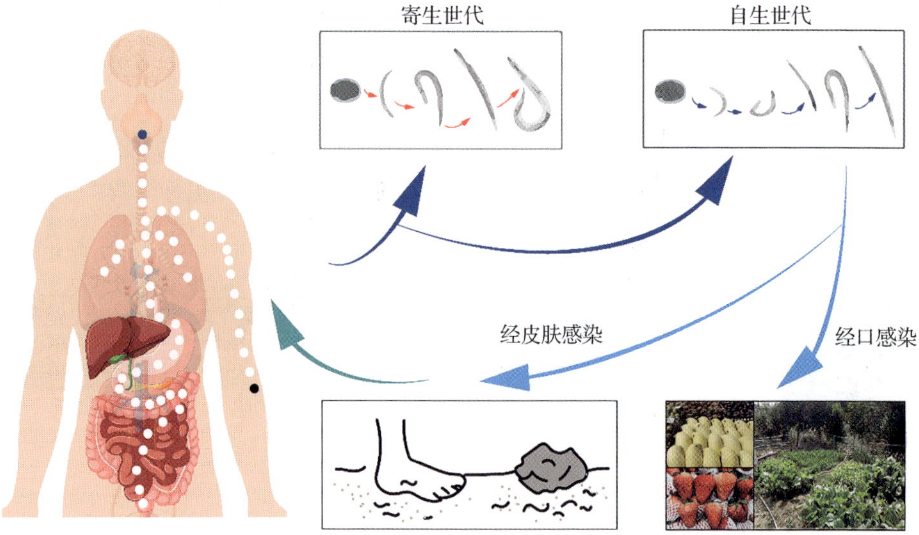

图 2-50 类圆线虫的生活史

2.1.11.3 寄生部位

类圆线虫主要寄生于小肠黏膜和肺，还可寄生于呼吸道，虫体可移行进入脑、心肌等。

2.1.11.4　流行病学

温暖、湿润的气候条件适合类圆线虫的生长繁殖，尤其是在夏天、雨季、卫生条件差的时候易发生感染。有研究表明，未孵出的卵在适宜条件下可存活6个月，感染性幼虫在湿润条件下可存活2个月。

2.1.11.5　易感动物

患有免疫抑制性疾病及长期服用免疫抑制药物的病人易感。卫生条件落后的地区感染相对较多，特别是粪便处理不当的落后地区。长期在农田赤脚务农的农民感染概率较高（图2-51）。

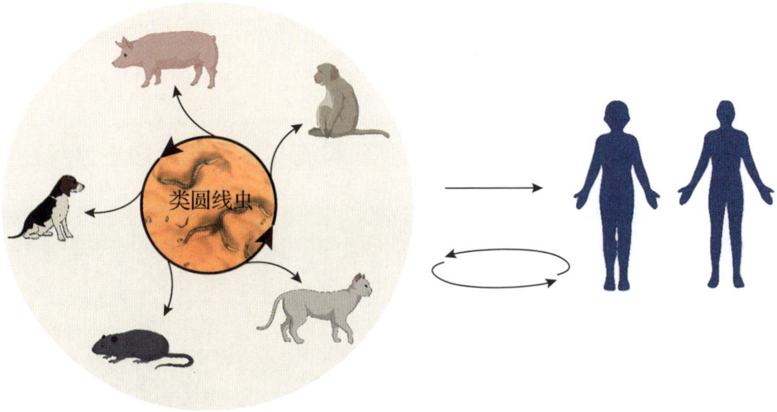

图2-51　类圆线虫易感动物示意

2.1.11.6　临床症状

（1）**皮肤损伤**　幼虫经皮肤入侵宿主机体，通常会引起侵入部位的淤血性瘀点、出血性皮疹，随后出现严重的瘙痒、水肿和充血。

（2）**呼吸道损伤**　类圆线虫在肺内聚集导致咳嗽、咯血、支气管痉挛性呼吸困难等。

（3）**消化道损伤**　类圆线虫侵入肠道，破坏肠道黏膜层，导致腹痛、腹泻、呕吐、便秘、体重下降等。

（4）**神经系统损伤**　幼虫可移行至中枢神经系统，导致类圆线虫性脑膜炎、脑脓肿等。

免疫力正常的人感染类圆线虫往往是无症状的，免疫抑制的病人症状则比较严重。

2.1.11.7　诊断与防控措施

1. 诊断

（1）**病原学诊断**　用显微镜在粪便、痰中发现幼虫或丝状蚴。因病人有间歇排虫的情况，所以需要反复检查。

(2) 免疫学诊断 酶联免疫吸附试验诊断无并发症类圆线虫病的敏感性为80%～85%。

2. 防控措施

(1) 治疗 阿苯达唑、噻苯达唑、噻嘧啶及左旋咪唑等药物对类圆线虫有良好的驱虫效果。

(2) 防治措施 强化粪水的管理，并注意个人保护；在应用激素及免疫抑制剂时，要进行常规的检查，以防止自身感染的发生；对犬和猫也要定期检查，并驱虫。

2.1.12 钩虫病

钩虫（hookworm）属于线虫动物门尾感器纲圆线虫目钩口科寄生虫，是危害较严重的肠道线虫之一，引起钩虫病（hookworm disease）。

2.1.12.1 病原形态

钩虫虫卵呈卵圆形，且卵壳薄、无色透明，卵壳与卵细胞之间空隙明显（图 2-52）。

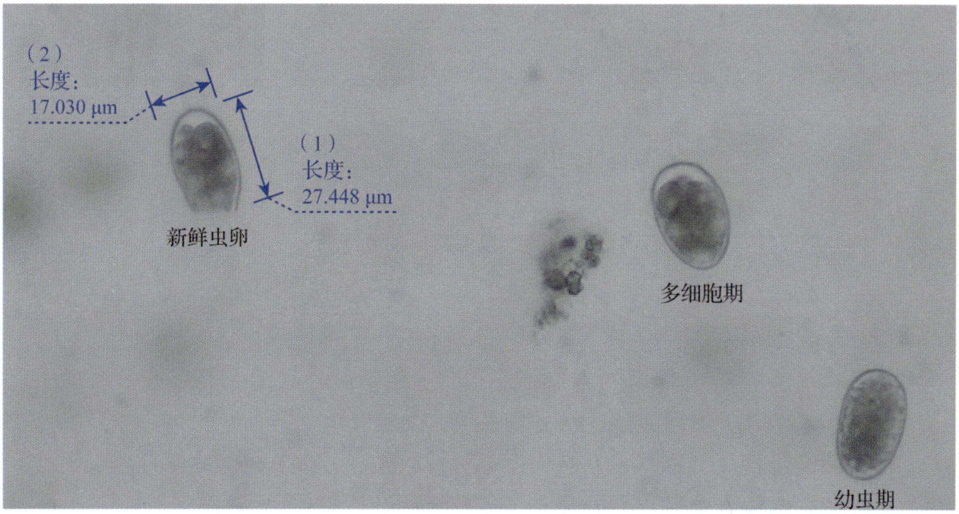

图 2-52 钩虫虫卵结构

钩虫幼虫称钩蚴，分为杆状蚴（rhabditiform larva）和丝状蚴（filariform larva）两个阶段。杆状蚴头端钝圆，尾端尖细，口腔细长。一期杆状蚴较小，蜕皮后为二期幼虫，虫体增长，其他与一期幼虫相似。二期杆状蚴蜕皮后形成丝状蚴，虫体变长，有鞘膜。丝状蚴是感染期幼虫，侵入宿主皮肤，脱去鞘膜。

成虫虫体呈细长的线状，淡红色，半透明，体长约 1 cm，死后呈灰白色。雌虫比雄虫略粗长，尾端尖细，末端呈圆锥状，有的虫种还有尾刺，阴门位于虫体腹侧（图 2-53）。雄虫较细小，尾端角皮扩张，形成膨大的交合伞（图 2-54）。

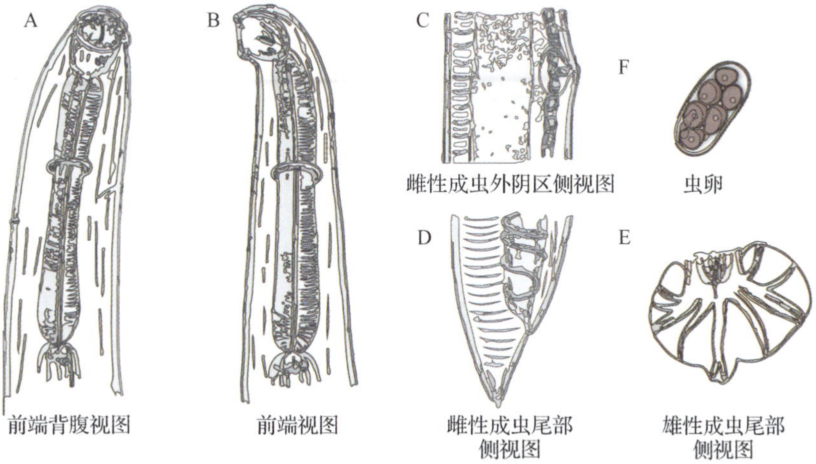

图 2-53　钩虫成虫示意

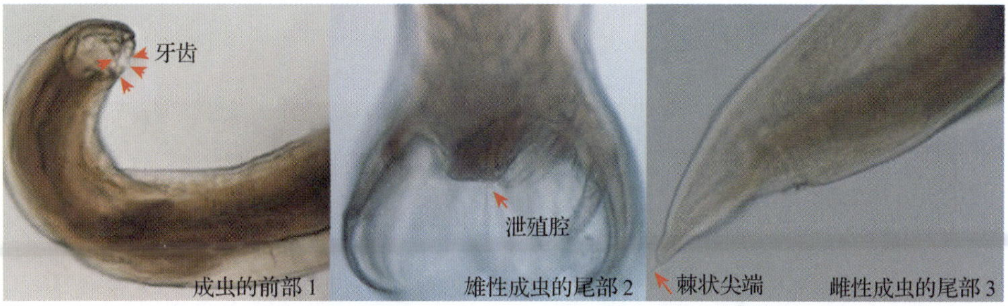

图 2-54　钩虫成虫形态

（引自：Xie et al.，2017）

2.1.12.2　生活史

钩虫虫卵随粪便排出体外，在适宜的条件（潮湿、温暖、阴凉）下，卵内细胞不断分裂，24 h 内可孵出，并发育为一期杆状蚴，48 h 内蜕皮，发育为二期杆状蚴，在 5～6 天时第二次蜕皮发育为感染性丝状蚴。丝状蚴与动物或人接触时，可钻透皮肤，通过皮下小静脉和淋巴管，随血液流至右心室，经肺动脉抵达肺部微血管，穿过微血管抵达肺泡，随后沿支气管、气管上行至咽，再经食道和胃，最终抵达小肠。经两次蜕皮逐渐发育为成虫。成虫附着在肠壁上吸血发育，雌雄成虫交配后，雌虫在肠道产卵，虫卵随粪便排出体外（图 2-55）。

2.1.12.3　寄生部位

钩虫主要寄生于人的小肠（图 2-56），尤其是空肠，有时也可见于十二指肠和回肠的上中段，少见于大肠。

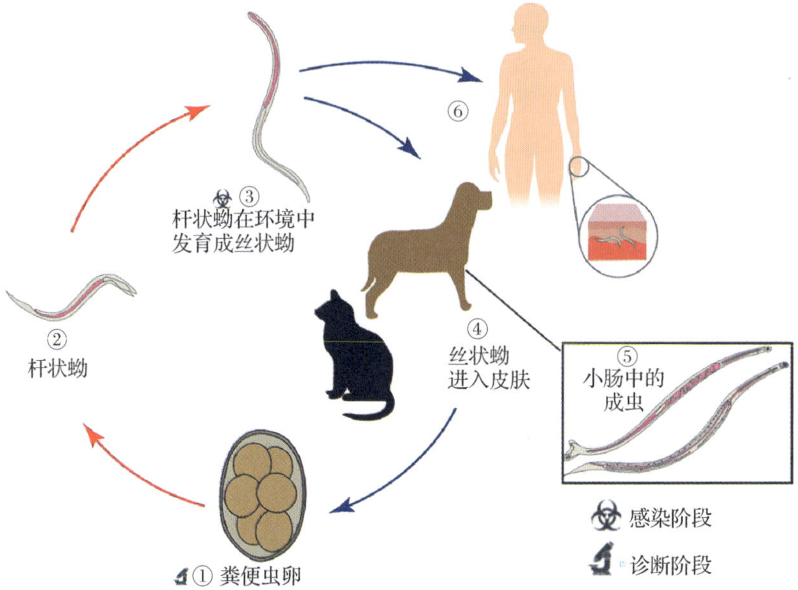

图 2-55 钩虫生活史

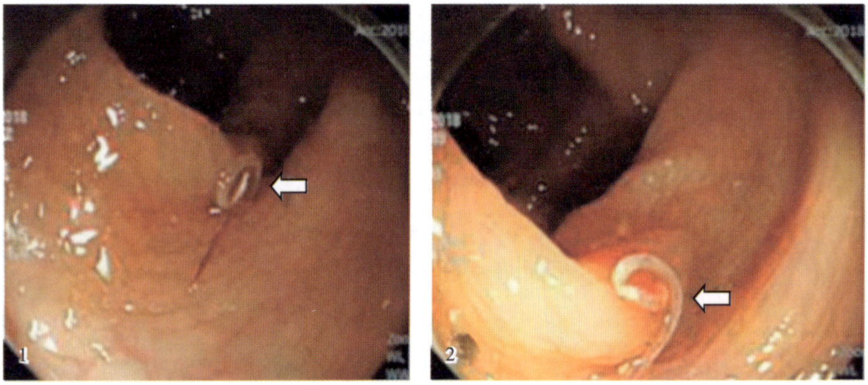

图 2-56 结肠黏膜中移动的钩虫
（引自：Jung et al., 2020）

2.1.12.4 流行病学

钩虫分布于全球各地区，以热带及亚热带最为常见。钩虫感染与季节密切相关，在气候温暖、雨水充沛的夏秋季节高发。钩虫在我国分布广泛，且南方地区感染率高于北方地区（表 2-6），南方地区以美洲钩虫为主，北方地区以十二指肠钩虫为主。

2.1.12.5 易感动物

钩虫可寄生于多种畜禽，包括犬、猫、牛、羊、猪等，人也对钩虫普遍易感（图 2-57），但主要集中在直接接触农田的农民。

表 2-6　2020 年我国人钩虫流行情况（引自：Zhang et al.，2023）

省（区、市）	感染率
海南	5.28%
云南	3.42%
四川	3.09%
广西	1.23%
重庆	1.12%

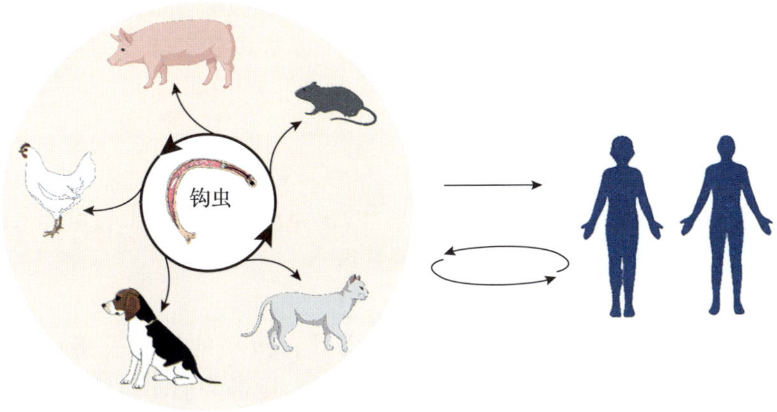

图 2-57　钩虫易感动物示意

2.1.12.6　感染症状

人、犬、猫等大多数哺乳动物感染钩虫后，出现钩蚴性皮炎（图 2-58）、呼吸系统疾病、消化道出血、贫血、异嗜症等。

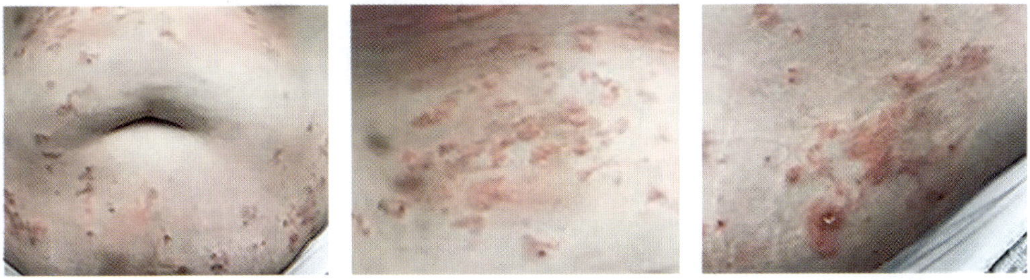

图 2-58　钩虫引起的皮疹

（引自：Matthews et al.，2020）

2.1.12.7　诊断与防控措施

1. 诊断

(1) 粪检　直接涂片法、饱和盐水漂浮法浮聚法、钩蚴培养法、改良加藤法、饱和盐水浮聚计数法、钩蚴培养计数法。

(2) **免疫学检测** 酶联免疫吸附试验、免疫层析试纸条检测技术。

(3) **分子生物学检测** 聚合酶链式反应、聚合酶链式反应-限制性片段长度多态性分析、Melting Temperature Shift(Tm-Shift)、环介导等温扩增技术。

2. 防控措施

应采取综合性措施,切实完善粪便管理、查治患者和个人防护三方面工作。防止虫卵污染土壤,采用堆肥法、化学灭卵剂、建立沼气池等方法杀灭粪便中的钩虫卵,高发季节不使用未经处理的粪便施肥。钩虫感染者是唯一传染源,要早发现早治疗,治疗患者并处理好其污染物可以消灭传染源,普查普治工作应集中在冬春季。减少感染机会,如提倡穿鞋下地、涂擦药物等,以机械代替手工操作,避免与泥土直接接触。

2.1.13 广州管圆线虫病

广州管圆线虫病是一种人兽共患传染病,感染广州管圆线虫会引起头痛、发热、恶心、呕吐等临床症状,严重损害中枢神经系统。

2.1.13.1 病原形态

广州管圆线虫成虫呈细长的线状,表皮具有微小的环形纹路。雄虫长 10~24.5 mm,交合伞对称,为肾形。雌虫长 16~46 mm,尾部类似于斜锥状。卵为无色透明的椭圆形,大小为(63.0~83.2) μm × (32.9~49.3) μm。三期幼虫阶段具有感染性,呈细杆状,大小为(0.459~0.530) mm × (0.020~0.030) mm,无色透明。头部圆润,尾端细长(图 2-59)。

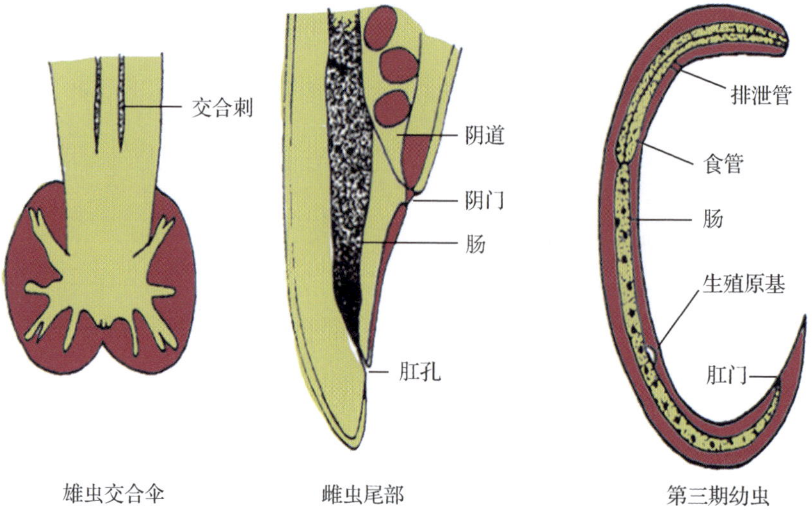

图 2-59 广州管圆线虫

2.1.13.2　生活史

广州管圆线虫成虫寄生于鼠类的肺动脉中，产的卵于肺部孵化为一期幼虫，后者移行进入消化道内随鼠粪便排出体外。一期幼虫被软体动物中间寄主所摄食或自主进入中间寄主体内继续生长，经两次蜕皮后发育成三期幼虫。鼠类食入了携带三期幼虫的中间宿主后，虫体移行到达脑部，经第三、第四次蜕皮后发育为成虫。成虫经静脉回流移行到右心，经肺动脉进入肺部，完成整个生活史（图 2-60）。

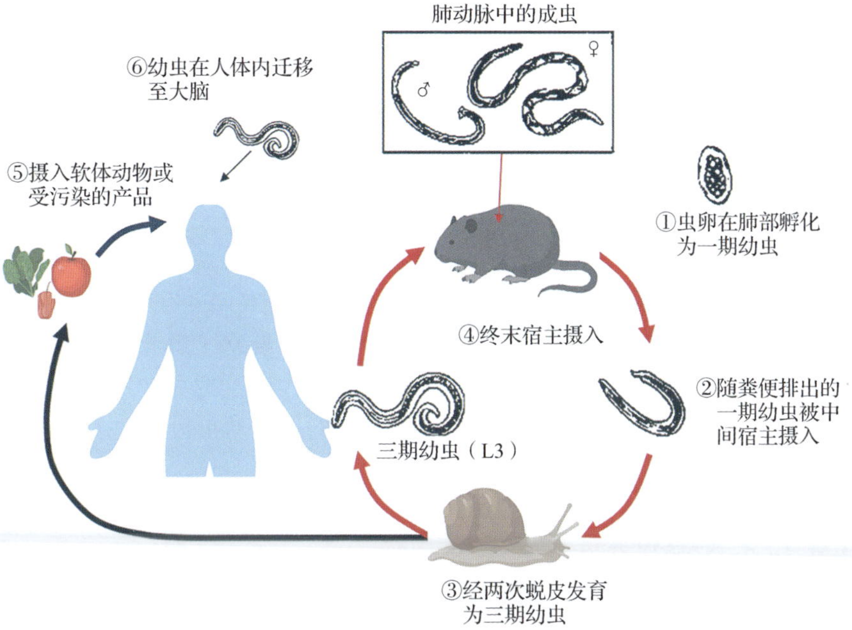

图 2-60　广州管圆线虫生活史

2.1.13.3　寄生部位

广州管圆线虫成虫寄生于鼠类的肺动脉中，幼虫在中间宿主血液、内脏及肌肉中寄生，多寄生于大脑前额。

2.1.13.4　流行病学

广州管圆线虫主要分布于热带和亚热带地区，在我国分布于广东、台湾、浙江等地，主要由排出一期幼虫的鼠类传播，主要宿主为黑家鼠与褐家鼠。

2.1.13.5　易感动物

易感动物主要有鼠、褐云玛瑙螺、淡水螺类、蛞蝓、水产（鱼、虾、蟹）等（图 2-61）。易感人群主要是习惯吃生食或半熟水产食品的人及从事螺类加工相关工作的人。

2.1.13.6　感染症状

病理变化以脑部炎性细胞浸润最为常见。常引发脑脊液与外周血中嗜酸性粒细胞增多性脑膜炎或脑膜脑炎，临床症状为呕吐、发热、肌肉酸痛、颈部强直等。

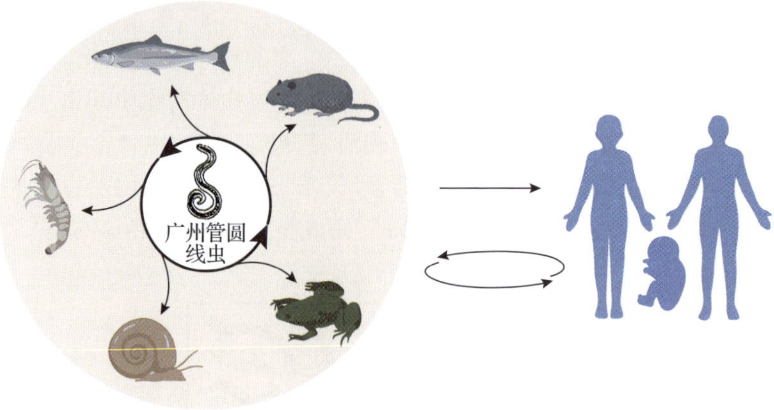

图 2-61 广州管圆线虫易感动物示意

2.1.13.7 诊断与防控措施

广州管圆线虫病防控重点在于加强宣传教育，使群众了解相关知识，意识到其严重危害。加强对鼠类的灭杀工作，提高对食品卫生安全的关注度，拒绝食用生螺肉和易被污染的肉。同时，加强生鲜加工卫生保障，避免幼虫污染。

2.1.14 淋巴丝虫病

2.1.14.1 病原形态

丝虫成虫呈乳白色，细长且两端略尖，表面光滑，雌雄异体但常相互缠绕。班氏丝虫与马来丝虫在雌虫形态与内部结构上高度相似，雄虫间差异也极细微。两者成虫体壁的超微结构均包括角皮层、索和索间皮下层及体壁肌层等。体内广泛的基膜系统有效分隔了各部构造，并与假体腔分离。成虫寿命预计可达 10～15 年之久。微丝蚴为胎生，主要游动于外周血液中，形态似蛇。光学显微镜下，微丝蚴细长，头部圆润而尾部尖细，被鞘膜包裹，体内含圆形体核，头部无核区域形成头端空隙。值得注意的是，班氏丝虫与马来丝虫的微丝蚴在形态上存在明显差异，班氏丝虫的超微结构在光学显微镜下清晰可见，包含皮下层及肌细胞、多层角皮、背腹侧索等，且未分化出明显的假体腔（图 2-62）。

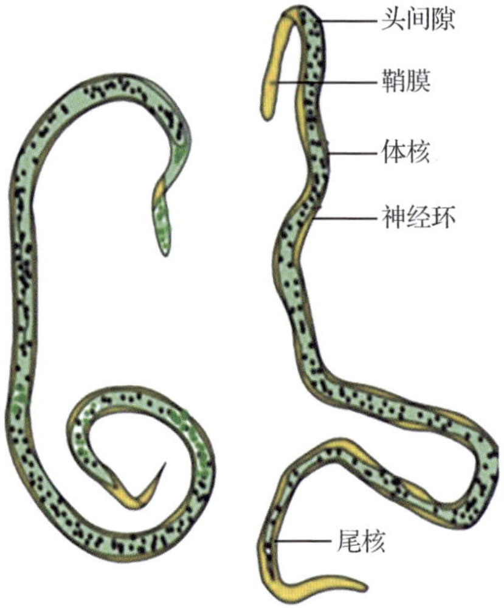

图 2-62 丝虫形态模式图
（引自：诸欣平和苏川，2013）

2.1.14.2　生活史

班氏丝虫与马来丝虫的生活史包括 2 个阶段：首先，在中间宿主（主要是蚊虫）体内完成一部分生命周期；随后，在人体这一终末宿主体内继续并完成生活史。

(1) 蚊体内阶段　微丝蚴通过蚊叮咬进入蚊体后，在短时间内脱鞘并穿越蚊胃壁，迁移至胸肌。在胸肌内经历为期 6～14 天的两次蜕皮，最终发育为具有感染性的三期幼虫。成熟幼虫随后迁移至蚊吻下唇，待下次吸血，便进入新宿主体内。

(2) 人体内阶段　感染性幼虫进入人体后，经历自然淘汰，存活者定向迁移至淋巴系统，依据种类不同，偏好寄生于特定淋巴区域。从幼虫入侵至外周血中首次检测到微丝蚴，班氏丝虫需 8～12 个月，而马来丝虫则较短，需 3～4 个月。

2.1.14.3　流行病学

血中有微丝蚴的患者和无症状的带虫者，是两种丝虫病的主要传染源。淋巴丝虫病在我国流行于山东、河南、湖北、江苏、浙江、安徽、湖南、台湾、福建、海南、四川、重庆以及中南部其他省（区、市）的广大农村地区。其中，沿海地区和某些特定省（区、市）的流行情况较为严重，例如山东、海南以及重庆地区只有班氏丝虫病的流行，而四川地区只有马来丝虫病的流行。

2.1.14.4　易感动物

淋巴丝虫（lymphatic filaria）是一类通过吸血节肢动物传播的寄生性线虫。在我国，流行的丝虫主要为班氏丝虫和马来丝虫，它们均通过蚊虫叮咬传播给人、猴、猫等多种哺乳动物（图 2-63）。

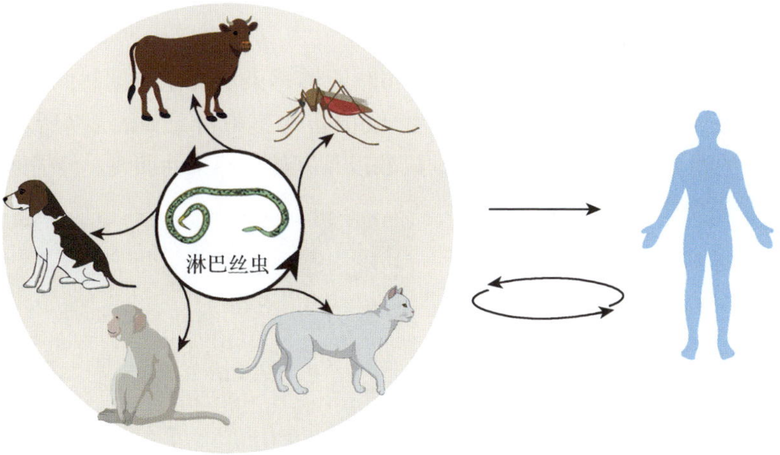

图 2-63　淋巴丝虫易感动物示意

2.1.14.5　感染症状

急性期主要为过敏反应，炎症明显，伴有周期性的淋巴管及淋巴结炎症，典型部位为小腿内侧和内踝上方，特点是淋巴结肿胀疼痛，偶有脓肿。若成虫侵及生殖系统周边淋巴管，则可能引发精索、附睾及睾丸的炎症。全身性反应包含寒战、发热、头痛及疲乏感。进入慢性阶段，淋巴管可能出现狭窄乃至闭塞的病理变化，常见于重复感染者。

2.1.14.6 诊断与防控措施

1. 诊断

淋巴丝虫病的诊断包括症状评估、治疗性诊断、活检等。一旦在体液或外周血中发现微丝蚴，即可确诊为丝虫病。治疗性诊断是通过让患者口服治疗剂量的乙胺嗪，观察 2～14 天内是否出现淋巴系统反应、淋巴结节和发热，从而帮助确立诊断。选取浅表淋巴结、附睾或精索结节进行活检，可以发现成虫或肉芽肿性炎症的变化。

2. 防控措施

预防蚊媒传染病的核心在于防止蚊虫叮咬。关键在于增强公众对蚊媒传染病的认知与防范能力，通过教育提升防病意识。实施物理与化学双重防蚊策略，如环境清理以减少积水容器，设置纱门纱窗，使用蚊帐、蚊香、电蚊拍等驱蚊工具。野外及夜间作业者需强化个人防护，通过清除蚊虫滋生地及采取药物喷洒等措施，有效抵御蚊虫叮咬。

2.2 原虫类

2.2.1 弓形虫病

2.2.1.1 流行病学与感染症状

弓形虫（*Toxoplasma*）（图 2-64 至图 2-67）能够感染所有温血动物和人类，导致弓形虫病，全球已有 1/4 的人口感染弓形虫，我国畜禽感染情况如表 2-7 所示。猫科动物是弓形虫的终末宿主，可向环境中排放数以百万计的感染性卵囊。传播途径主要为

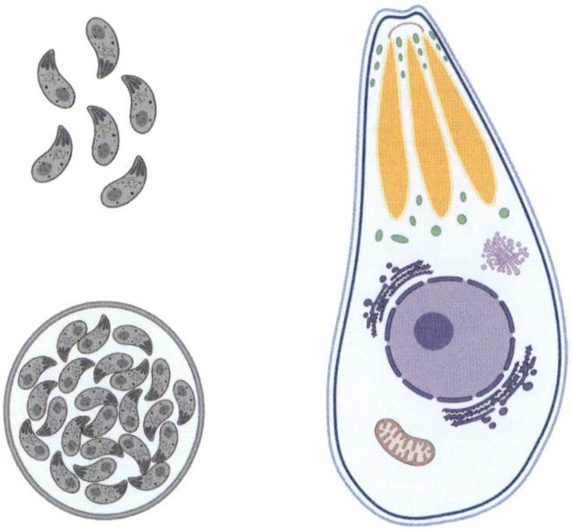

图 2-64 弓形虫速殖子、包囊结构示意

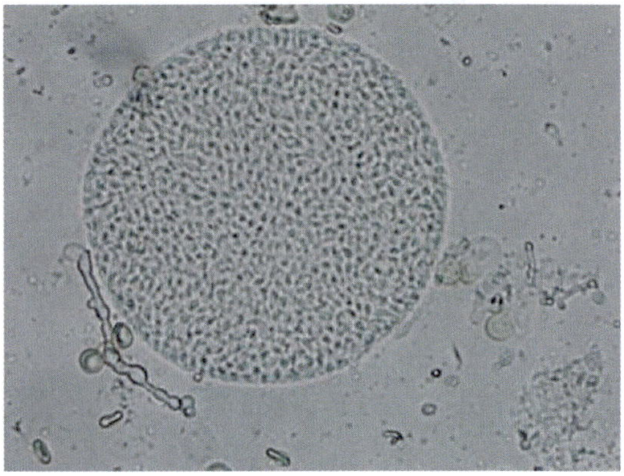

图 2-65 弓形虫包囊结构

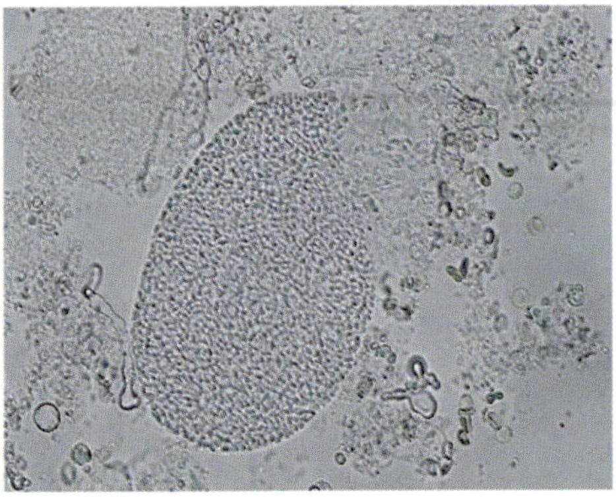

图 2-66　缓殖子释放过程

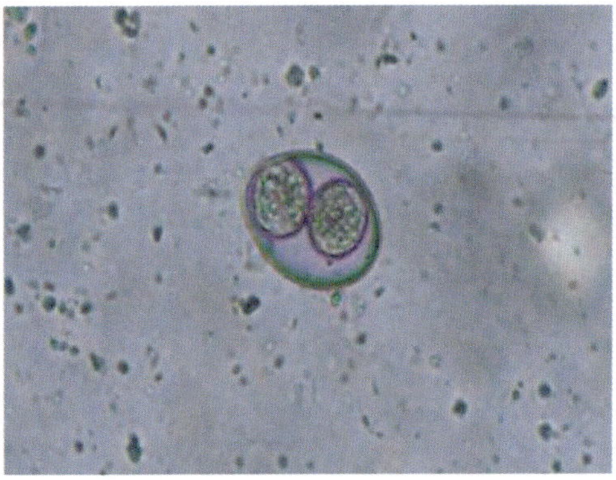

图 2-67　猫粪中弓形虫卵结构

表 2-7　2010—2023 年我国畜禽弓形虫流行情况（引自：Yang et al.，2024）

地区	血清阳性率
西南地区（四川、云南、贵州、西藏、重庆）	21.8%
东部地区（山东、江苏、浙江、上海、安徽、福建）	20.5%
北部地区（北京、天津、河北、山西）	17.7%
中部地区（河南、湖北、湖南、江西、安徽）	15.9%
南部地区（广东、广西、海南）	13.7%
西北地区（陕西、甘肃、宁夏、青海、新疆、内蒙古）	12.4%
东北地区（黑龙江、吉林、辽宁）	10.5%

水平传播（食入弓形虫卵囊污染的食物和水、含有组织包囊的生肉）和垂直传播（母婴胎盘传播），易感动物如图 2-68 所示。急性感染期可引起发热、肌肉疼痛、头痛和淋巴结肿大等临床症状，可导致免疫缺陷的人死亡。慢性感染期无明显临床症状，但虫体仍寄生于宿主体内。弓形虫感染孕妇可导致流产、死胎、胎儿畸形等。

2.2.1.2　诊断与防控措施

1. 诊断

(1) 直接涂片　急性弓形虫感染时，取肺、肝、淋巴组织制成组织涂片，用吉姆萨染色或瑞氏染色，通过显微镜观察弓形虫虫体。

(2) 动物接种　将肺、肝、淋巴结等组织研磨后，加入 10 倍体积生理盐水混合，在室温下静置 1 h，取 0.5～1 mL 上清液注射到小鼠腹腔内，观察小鼠是否出现感染症状，并检查腹水中是否存在虫体。

(3) 免疫学诊断　间接免疫凝集试验、补体结合反应、中和抗体试验、荧光抗体法和酶联免疫吸附试验等。

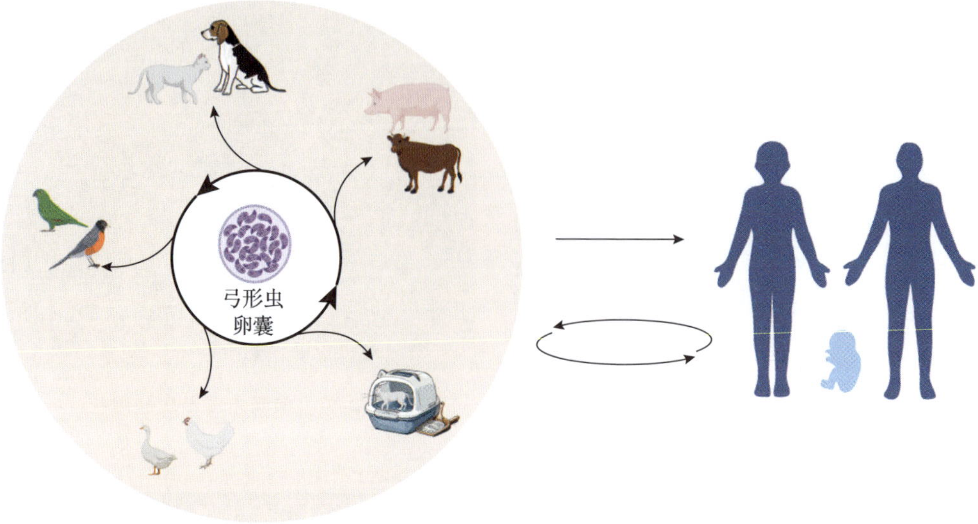

图 2-68 弓形虫易感动物示意

(4) 核酸检测 针对弓形虫 B1 基因、529 bp、Toxo5/8 等序列设计引物进行 PCR 核酸检测。

2. 防控措施

各种犬、猫弓形虫病的防控多采用“预防为主，治疗为辅”。乙胺嘧啶和磺胺类药物（如复方新诺明）对增殖期弓形虫具有抑制作用，联合使用可以增强治疗效果。孕妇初次感染后，应立即服用螺旋霉素；若胎儿感染弓形虫，可使用乙胺嘧啶、磺胺嘧啶和螺旋霉素等药物治疗。

在城市中，为预防犬、猫及宠物传播弓形虫，应定期进行宠物健康检查和驱虫，兽医将根据需要提供适当的驱虫药物。减少家养犬、猫与流浪动物或野生动物接触的机会，降低感染弓形虫的风险。猫是弓形虫的终末宿主，控制其捕食行为，定期清理宠物的排泄物，使用适当的清洁工具和手套，并及时洗手。避免生食或食用未充分烹饪的肉类，尤其是对孕妇或免疫系统较弱的人群更为重要。

2.2.2 隐孢子虫病

隐孢子虫病（cryptosporidiosis）是由隐孢子虫科隐孢子虫属的一种或多种隐孢子虫（*Cryptosporidium*）感染所引起的一种人兽共患原虫病。

2.2.2.1 病原形态

隐孢子虫在体外以卵囊的形式存在，呈圆形或椭圆形，直径 4～6 μm，囊壁光滑，成熟卵囊内包含 4 个香蕉形子孢子和由颗粒状物质组成的残留体（图 2-69）。

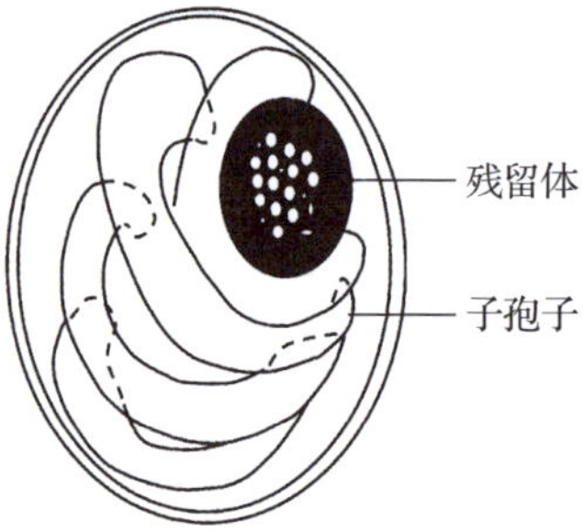

图 2-69 隐孢子虫卵囊

2.2.2.2　生活史

隐孢子虫生活史包括裂殖生殖、配子生殖和孢子生殖 3 个阶段，孢子生殖在体内进行，且孢子化卵囊是唯一的外生性阶段。卵囊随粪便排出被宿主摄入后，子孢子脱囊侵入动物和人胃肠道或鸟类呼吸道上皮细胞（图 2-70）。

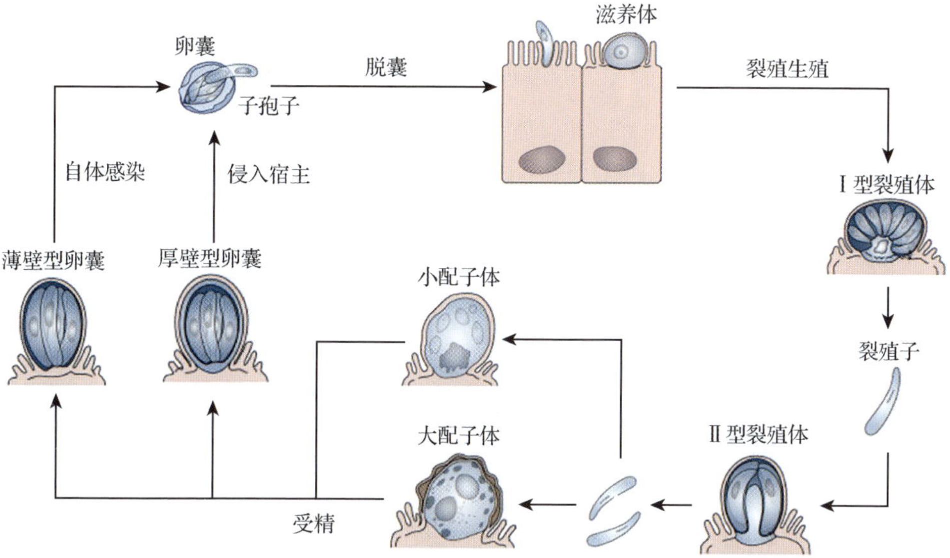

图 2-70　隐孢子虫生活史
（引自：Khan et al.，2018）

2.2.2.3　寄生部位

隐孢子虫主要寄生于小肠上皮细胞的刷状缘，利用宿主细胞形成纳虫空泡，也可寄生于呼吸道、肺脏、扁桃体、胰腺、胆囊和胆管等。

2.2.2.4　流行病学

隐孢子虫病在全球广泛分布，具有季节性发病的特点，温暖、雨季和湿润的月份是感染高峰期。传染源为向外界排出卵囊的动物或人。传播途径包括食入污染的食物和饮水及飞沫传播。截至 2024 年 4 月，我国隐孢子虫流行情况见表 2-8。

2.2.2.5　易感动物

隐孢子虫宿主范围广泛，可寄生于人和 150 多种哺乳动物（图 2-71），幼龄儿童、免疫抑制病人，牧场和屠宰加工场的工作人员、医务人员、从事食品加工的人员（尤其是水产品加工）等人群易感。

2.2.2.6　感染症状

感染动物常出现腹泻、食欲不振、发热、脱水等临床症状。人感染后主要表现为腹泻、恶心、呕吐、上腹痛，体重轻度下降，血常规大多正常，偶见反应性关节炎；婴幼儿可出现脱水、电解质紊乱等症状。

表 2-8　截至 2024 年 4 月我国隐孢子虫流行情况（啮齿目动物）（引自：周珊珊等，2024）

省（区、市）	感染率
海南	56.77%
浙江	18.99%
福建	18.18%
内蒙古	18.14%
广东	16.52%
四川	16.04%
广西	15.87%
山东	10.44%
江苏	8.92%
河南	8.05%
湖南	7.48%
云南	7.09%
黑龙江	6.85%
吉林	6.72%
青海	4.79%
山西	3.77%
重庆	2.48%
甘肃	2.21%

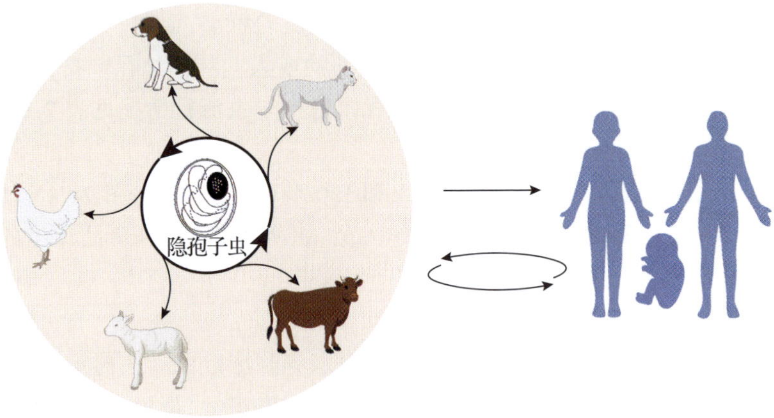

图 2-71　隐孢子虫易感动物示意

2.2.2.7　诊断与防控措施

目前主要依靠实验室手段检查隐孢子虫的各期虫体，如用免疫学技术检测抗原或抗体。

水源污染是造成隐孢子虫病传播的重要原因，因此预防本病的关键是注意粪便管理和个人卫生，防止病人、病畜等带虫宿主的粪便污染食物和饮水。同时对易感动物及免疫功能缺陷或低下的群体进行保护，增强其免疫力，避免与病人、病畜接触，凡接触病人、病畜者，应及时洗手消毒。

2.2.3　贾第虫病

2.2.3.1　病原形态

贾第鞭毛虫（*Giardia*，简称贾第虫）具有滋养体（非感染形态）和包囊（感染形态）两种形态：滋养体似倒梨形，长约 15 μm，宽约 8 μm，在光学显微镜下根据其“笑面”形态即可鉴别；包囊呈圆形或椭圆形，长约 12 μm，宽约 7 μm，是虫体传播及在环境中存活的形态（图 2-72）。

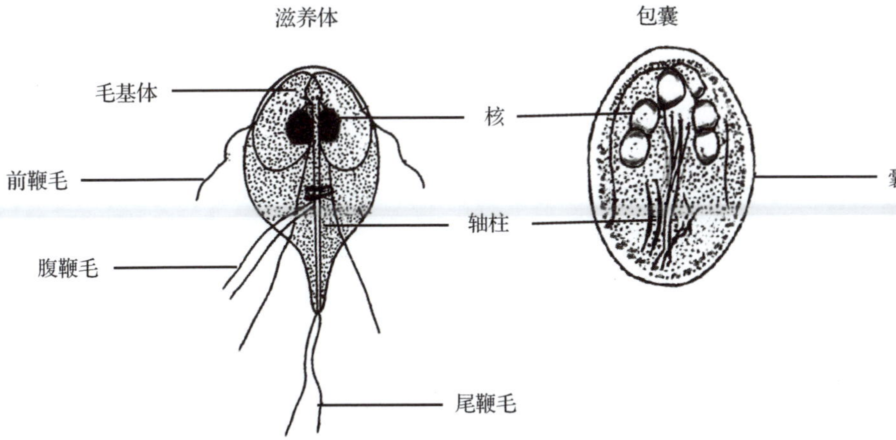

图 2-72　贾第虫滋养体和包囊结构示意

2.2.3.2　生活史

贾第虫包囊通过饮用水或受污染的食物进入人体，经过消化道运输至小肠，然后脱囊释放出滋养体，这些滋养体附着在上皮细胞上并繁殖、迁移至结肠，随后它们作为包囊被排放到粪便中，主要通过粪口途径传播，在凉爽和潮湿的环境中，包囊可以保持感染性数月之久。如图 2-73 所示，贾第虫可以感染犬、猫等多种动物以及在人群中传播。表 2-9 展示了中国部分地区人群中贾第虫的流行率情况，不同地区的贾第虫感染率存在显著差异，这可能与当地的卫生条件、水源管理及居民的生活习惯密切相关。

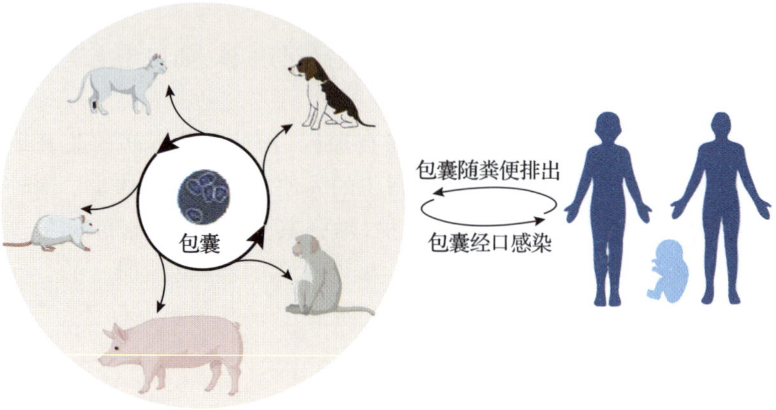

图 2-73 贾第虫易感动物示意

2.2.3.3 寄生部位

贾第虫寄生于小肠，黏附在肠腔微绒毛上并增殖，但并不侵入小肠壁细胞。

2.2.3.4 流行病学

贾第虫病呈世界性分布，能感染人、家畜和野生动物等，通常通过摄入受到贾第虫包囊污染的水或食物而感染。全世界每年有 2.5 亿～3.0 亿人感染贾第虫，世界动物卫生组织将其列为危害人类健康的 10 种主要寄生虫之一。

表 2-9 中国人群中贾第虫的流行情况（引自：Sun et al.，2023）

省（区、市）	感染率
黑龙江	10.17%
安徽	4.12%
上海	3.39%
河南	2.2%
武汉	1.4%
江苏	0.21%
吉林	0.04%
新疆	0.03%

2.2.3.5 易感动物

儿童与免疫系统受损的人更容易通过接触动物感染本病；户外活动者与旅行者旅居卫生条件较差的地区时因误食贾第虫包囊而感染；动物饲养者经常与动物接触，可能通过动物粪便而感染贾第虫。

2.2.3.6　感染症状

人感染后会出现腹泻、腹痛、腹胀、体重减轻和营养吸收不良等临床症状，无症状感染也很常见。

2.2.3.7　诊断与防控措施

1. 诊断

病原学检测法主要是饱和盐水漂浮法，在显微镜下观察贾第虫滋养体和包囊的形态。免疫学诊断方法包括 ELISA 试剂盒和间接免疫荧光试验，具有高敏感性和特异性。分子生物学诊断方法主要使用 PCR 技术，可鉴定贾第虫的基因型。

2. 防控措施

避免食用未经净化处理的水或受污染的食物；接触可能感染贾第虫的人或动物后，应采取适当的个人防护措施，如洗手；及时处理感染者的粪便等污染物；对于已感染的人或动物，使用芬苯达唑、丙硫咪唑等药物治疗，以防止病情加重或传播贾第虫。

2.2.4　利什曼原虫病

利什曼原虫病（leishmaniasis）又称黑热病（Kala-azar），其传播媒介为白蛉（常见的吸血昆虫），在人、犬及多种野生动物中流行。曾经在我国多个地区均有发生，死亡率可达到 40%，是一种非常重要的人兽共患寄生虫病。

2.3.4.1　病原形态

1. 无鞭毛体

虫体处于无鞭毛体阶段时为卵圆形，大小为(2.9~5.7) μm × (1.8~4.0) μm。细胞质经瑞氏染色呈淡红色，可见较大的核，核为圆形，呈红紫色。核旁可见深紫色（图 2-74）、细小杆状的动基体。基体为颗粒状，根丝体由基体伸出，延伸至膜上（图 2-75）。

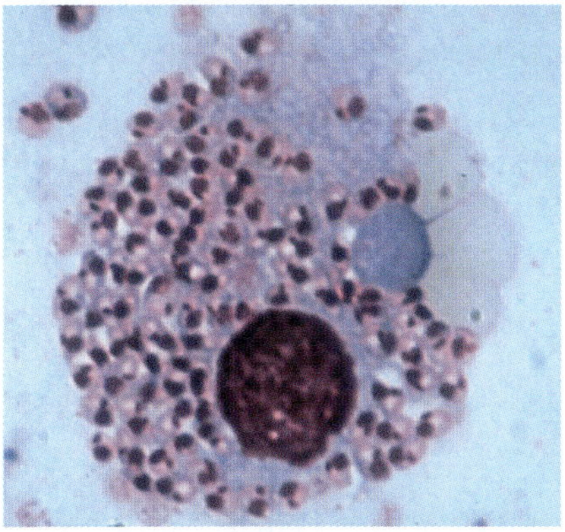

图 2-74　利什曼原虫无鞭毛体（瑞氏染色）
（引自：Dwight and Bowman，2008）

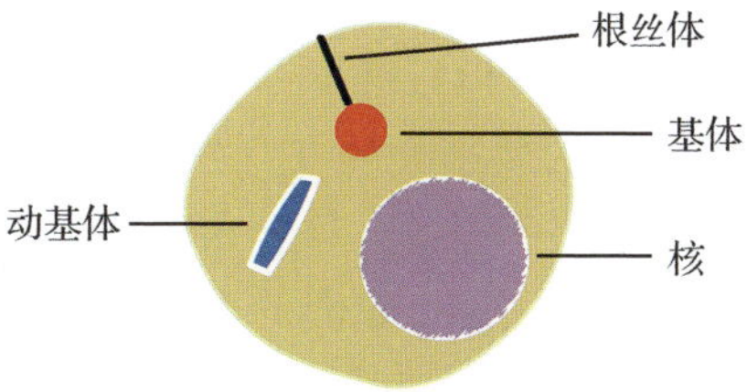

图 2-75　利什曼原虫无鞭毛体模式图

2. 前鞭毛体

经一段时间无鞭毛体发育为成熟的前鞭毛体(图 2-76),前鞭毛体为梭形,因其存在一个延伸至体外的鞭毛而得名。体表由膜包被,大小为(14.3～20.0) μm × (1.5～1.8) μm。核位于虫体中央,动基体位于虫体前部靠近膜的区域,基体则位于动基体的前方,并延伸出鞭毛(图 2-77)。

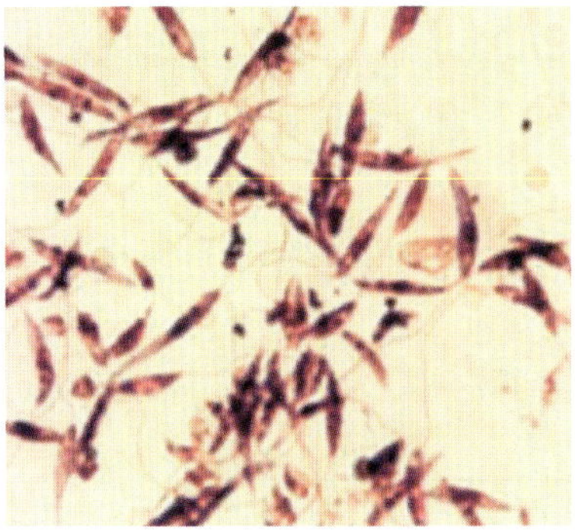

图 2-76 利什曼原虫前鞭毛体(瑞氏染色)
(引自:张仁刚等,2009)

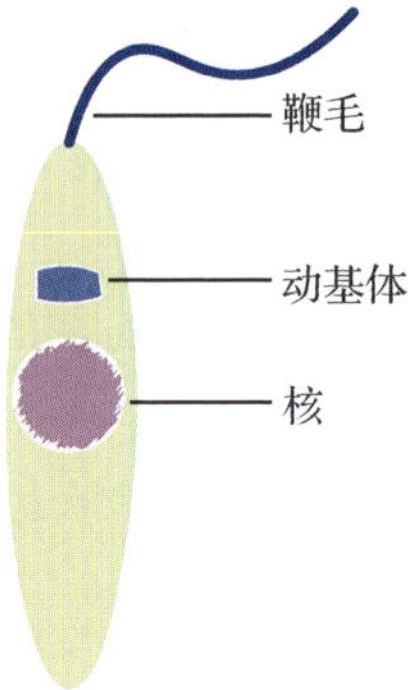

图 2-77 利什曼原虫前鞭毛体模式图

2.2.4.2 生活史

白蛉吸食含无鞭毛体(尚未由于感染而破裂)的血液后,利什曼原虫进入白蛉胃内。含无鞭毛体的巨噬细胞破裂后,利什曼原虫无鞭毛体释放,并在白蛉胃内逐步发育为早期的前鞭毛体。第 3～4 天,白蛉胃中可出现大量的成熟前鞭毛体,并以纵二分裂法进行快速增殖。7 天后大量的前鞭毛体移行至白蛉的口腔及喙部。当白蛉再次叮咬其他健康动物时,感染性前鞭毛体可随之进入新的宿主体内。部分前鞭毛体被白细胞吞噬后消灭,其余被巨噬细胞吞噬,在巨噬细胞中失去其鞭毛的体外部分,转变为无鞭毛体,最终可导致细胞破裂(图 2-78)。

2.2.4.3 寄生部位

无鞭毛体常寄生于人或动物单核巨噬细胞内,前鞭毛体则大量聚集于白蛉的口腔及喙部。

2.2.4.4 流行病学

白蛉作为传播介质在野生动物或家畜和人之间传播利什曼原虫,在我国的流行品种主要为中华白蛉、长管白蛉等。白蛉常见于早春至晚秋时节。啮齿动物、犬类是主要的贮藏宿主,非洲的部分区域也曾出现过人作为贮藏宿主的报道,猫不易感染利什曼原虫。2017—2022 年中国人群中内脏利什曼病流行情况见表 2-10。

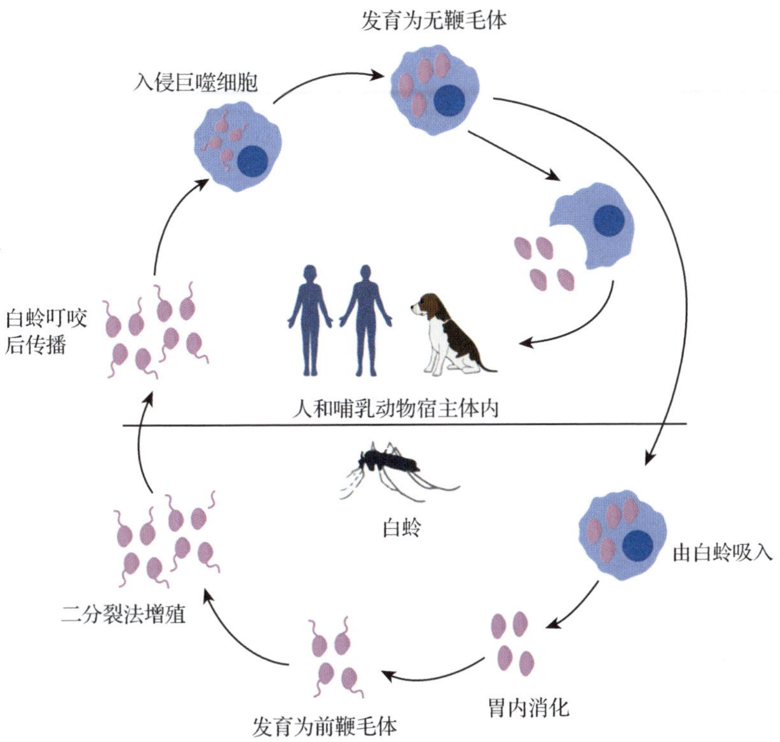

图 2-78　利什曼原虫生活史

表 2-10　2017—2022 年中国人群中内脏利什曼病流行情况（引自：王奇等，2024）

省（区）	总感染率
山西	34.1%
甘肃	23.4%
陕西	15.5%
新疆	7.5%
四川	7.3%
河南	4.5%

2.2.4.5　易感动物

利什曼原虫的主要宿主为脊椎动物（图 2-79），常见的感染对象包括蹄兔目动物、啮齿目动物、犬科动物和人。

2.2.4.6　临床症状

可根据不同的临床症状分为皮肤型和内脏型，犬利什曼病常被认为是内脏型，部分病例也可见皮肤症状。

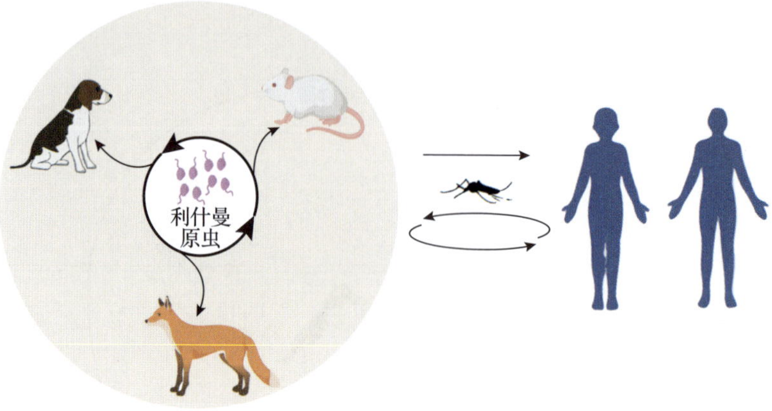

图 2-79 利什曼原虫易感动物示意

1. 内脏利什曼病

潜伏期为 4～7 个月，最长可达 11 个月，典型的三大症状为：长期持续的无规律性发热；脾、肝脏及淋巴结肿大；贫血。患者多在发病后 1～2 年内死亡。

2. 皮肤利什曼病

部分患者出现皮肤症状，颈面部出现大小不等的肉芽肿，呈丘疹状。绝大多数患犬出现干性脱屑、溃疡。

2.2.4.7 诊断与防治措施

1. 诊断

常见诊断方法包括：采用吉姆萨染液或商品化快速染液进行虫体形态学鉴定、PCR 核酸检测、抗体检测及病理学检测等。

2. 治疗方法

甲葡胺锑：静脉注射，剂量为每千克体重 100 mg。该药物具有严重的副作用，常与葡萄糖酸锑钠轮换使用以减轻不良反应。

别嘌醇：口服，剂量为每千克体重 7 mg，每天 3 次。可与甲葡胺联合使用，该药具有较好的效果，可清除大量虫体，但无法彻底痊愈。

两性霉素 B 或其他抗原虫药如重氮氨苯脒，也具有一定的疗效。

3. 防控措施

降低发病率关键在于早发现早治疗。在白蛉活跃的时间段（日出前 1 h 及黄昏后 1 h）减少动物的外出，避免与白蛉接触。可通过喷洒杀虫剂、使用药浸蚊帐隔离动物等方式消灭周围环境中的白蛉，减少或阻断利什曼原虫的传播。需注意尽量不要带宠物到利什曼原虫流行的地区旅行，也要减少与该病流行地区的野生动物之间的接触。

2.2.5　等孢球虫病

等孢球虫（*Isospora*）是一类可以感染哺乳动物、鸟类和爬行动物的肠内寄生虫。等孢球虫病是由等孢子球虫寄生在人和猪、猫、犬等动物肠黏膜上皮，造成肠道黏膜损伤的一种原虫病，宿主特异性强，鸟类、犬、猫感染较为常见。

2.2.5.1　病原形态

等孢球虫属于孢子虫纲真球虫目艾美耳科等孢属，主要包括犬等孢球虫、芮氏等孢球虫、猫等孢球虫等。

感染人类的等孢球虫有两种：贝氏等孢球虫和纳氏等孢球虫。等孢球虫卵囊呈圆形或者椭圆形，大小为（32～42）μm×（27～33）μm，不同种的等孢球虫卵囊大小略有差异（图 2-80）。

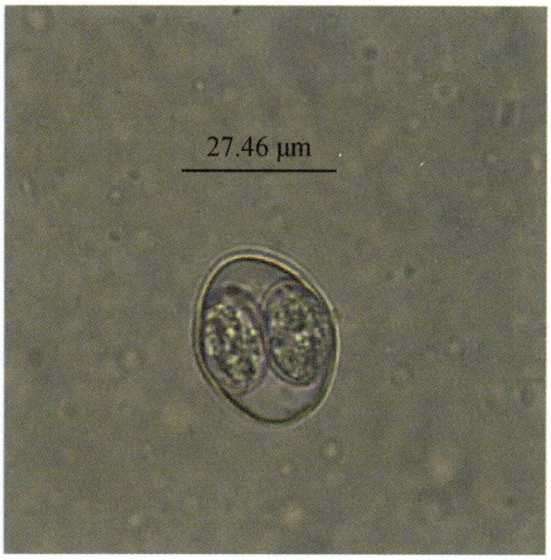

图 2-80　等孢球虫卵囊形态

2.2.5.2　生活史

等孢球虫的生活史较简单，为直接发育型，需经过裂殖生殖、配子生殖和孢子生殖三个阶段。当人或动物通过食物和饮水摄入了孢子化卵囊后，经过胃和小肠的机械消化和酶的作用，卵囊壁和孢子囊破裂，释放出子孢子，到达寄生部位的肠上皮细胞，在此进行裂殖生殖，子孢子首先在上皮细胞内变为滋养体，滋养体经过裂殖生殖形成裂殖体，裂殖体分裂形成第一代裂殖子。经过 1～3 代裂殖生殖后，大多数裂殖子发育为大配子体和小配子体，它们分别产生数量众多的大配子和小配子。小配子离开宿主细胞进入含有大配子的细胞中形成合子，从而完成配子生殖。合子周围形成囊壁即变为卵囊，卵囊随宿主的粪便排出体外（图 2-81）。

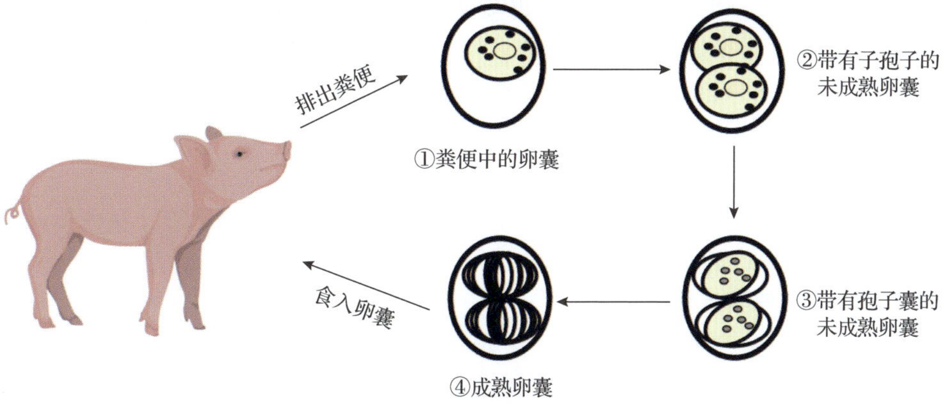

图 2-81　等孢球虫生活史

2.2.5.3 寄生部位

等孢球虫主要寄生于宿主的小肠，入侵宿主的肠上皮细胞进行裂殖生殖。

2.2.5.4 流行病学

等孢球虫病呈世界性分布，在我国也普遍流行。等孢球虫病一年四季均可流行，但在夏季发病率较高，我国东南沿海及南方地区发病率高于东北及西北地区（表 2-11）。

表 2-11 2018—2022 年中国不同地区猪场等孢球虫流行情况（引自：肖海君等，2024）

省（区）	总感染率
江苏	81%
山西	77%
广东	71%
福建	70%
广西	68%
浙江	67%
安徽	65%
辽宁	63%
河南	60%
吉林	61%
湖北	59%
河北	57%
陕西	57%

2.2.5.5 易感动物

各种品种的犬、猫及人对等孢球虫都有易感性，带虫者是主要的传染源，一般为成年动物。等孢球虫病主要发生于幼犬（1～6 月龄）和幼猫。感染途径主要是食物和饮水。幼犬和幼猫在哺乳时摄入母体乳房上孢子化卵囊、吞食受污染的食物、饮水或带卵囊的苍蝇和鼠类均可感染发病（图 2-82）。

2.2.5.6 致病作用

等孢球虫的致病作用主要是虫体的裂殖生殖期对肠上皮细胞的反复破坏，使肠黏膜出现坏死、出血等病变。

2.2.5.7 感染症状

等孢球虫病的临床症状为腹泻、腹痛、发热、食欲不振、精神萎靡等。等孢球虫感染可持续数周乃至数年，大多症状轻微，该病存在无症状带虫者，常不表现明显症状。

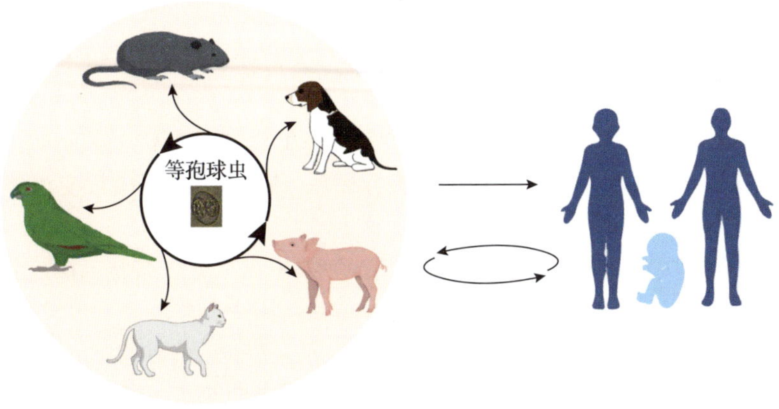

图 2-82　等孢球虫易感动物示意

2.2.5.8　诊断与防控措施

1. 诊断

结合临床症状、流行病学及实验室检查结果综合判断。人感染等孢球虫后，多数患者可自行清除，也可进行药物治疗。出现便血症状时，建议患者遵医嘱检查，以免病情加重。临床上检查主要依靠血常规、粪常规、肠黏膜活检等。粪便检查可采用直接涂片法和饱和盐水漂浮法。

2. 防控措施

磺胺类药物对等孢球虫病的治疗效果较好，包括磺胺六甲氧嘧啶、磺胺二甲氧嘧啶、磺胺甲噁唑、氨丙啉。

为预防该病的发生，应保持房舍的干燥，对家养宠物进行定期驱虫，不喂食生肉，做好犬、猫食具和饮水器具的清洁卫生。

2.2.6　疟原虫病

2.2.6.1　病原形态

疟原虫的形态变化较大，根据其在红细胞内的发育阶段，可分为以下3种主要形态。

1. 滋养体

疟原虫在人体内的生命周期中，至关重要的阶段是其在红细胞内的寄生与发育，这一过程主要体现为滋养体的形态与功能变化。滋养体作为疟原虫在红细胞内摄取营养并进行增殖的主要形态，可分为早期与晚期两个阶段，各自展现出独特的生物学特征。早期滋养体，为疟原虫刚侵入红细胞不久，细胞质相对较少，且含有一个显著的中间空泡，使得整个虫体呈现出环状外观。细胞核则位于虫体的一侧，清晰可见。这一阶段是疟原虫适应新环境、准备进一步生长的关键时期。随着营养的摄取与代谢的进行，疟原虫逐渐进入晚期滋养体阶段。此时，虫体体积显著增大，形状变得不规则，且开始形成伪足，这些伪足有助于虫体在红细胞内移动以获取更多供其生长的资源。在细胞胞质中可以观察到一种特殊的代谢产物——疟色素，这是疟原虫感染的一个重要标志。

2. 裂殖体

晚期的滋养体成熟之后开始核分裂，变为裂殖体。裂殖体可分为未成熟裂殖体和成熟裂殖体。裂殖体经过反复几次的核分裂后，细胞质开始分裂，变为裂殖子。

3. 配子体

配子体为多次裂体增殖后的疟原虫，有的裂殖子入侵红细胞，并在其中发育长大，形成配子体。配子体可分为雌、雄配子体或大、小配子体。

2.2.6.2 生活史

疟原虫的生活史包括在人体内和在按蚊体内两个时期。

疟原虫在人体内裂体增殖的时期为无性繁殖。这一时期是疟原虫裂体增殖的关键阶段。此过程始于雌性按蚊叮咬时，将感染性子孢子随唾液注入人体。子孢子随血液循环进入肝，在肝细胞内经历9～16天的发育，从裂殖子逐渐成长为成熟的裂殖体。随后，裂殖体侵入红细胞，转化为早期裂殖体，并进一步发育为成熟的裂殖体。每个裂殖体内含多个至数十个裂殖子，当红细胞破裂时，裂殖子及其代谢产物释放，引发疟疾。此过程循环往复，裂殖子不断入侵新的红细胞，推动疟疾的周期性发作。

疟原虫在按蚊体内的繁殖时期为有性繁殖，这一时期是疟原虫生命周期的另一重要阶段。当雌性按蚊吸血时，可能同时吸入含有配子体的人体血液。这些配子体在按蚊体内分别发育为雌、雄配子，随后结合形成合子，标志着有性繁殖的开始。这一过程是疟原虫在按蚊体内生命周期的起点，也是其传播至新宿主的关键环节。合子进一步成熟为动合子，展现出强大的穿透力，能够侵入按蚊的肠壁，进而发育成囊合子。每个囊合子作为子孢子母细胞的孵化器，内含数千个这样的前体细胞，最终发育成具有感染潜能的子孢子。子孢子展现出高度的自主性，能够主动迁移至按蚊的唾液腺内潜伏。当按蚊吸血后叮咬人类时，这些蓄势待发的子孢子便借机进入人体，标志着人类宿主体内无性繁殖周期的新一轮启动（图2-83）。

2.2.6.3 流行病学

疟疾的主要感染途径包括按蚊叮咬传播（携带疟原虫）、血液传播以及母婴间的垂直传播。该病具有广泛易感性，但在特定人群如幼儿、孕妇、老年人、免疫力低下者以及前往疟疾高发区域且缺乏免疫力的旅行者中，感染风险显著增加。全球高风险区域主要包括非洲、东南亚、东地中海、西太平洋及美洲的部分地区，在中国主要见于云南、广东和海南，且主要为境外输入病例。

2.2.6.4 易感动物

人类是多种疟原虫的主要宿主，除了人类，疟原虫还能感染其他多种哺乳动物，包括灵长目动物（如食蟹猴、恒河猴等）和啮齿目动物（如小鼠、大鼠等）。此外，疟原虫还可以感染鸟类和爬虫类动物（图2-84）。

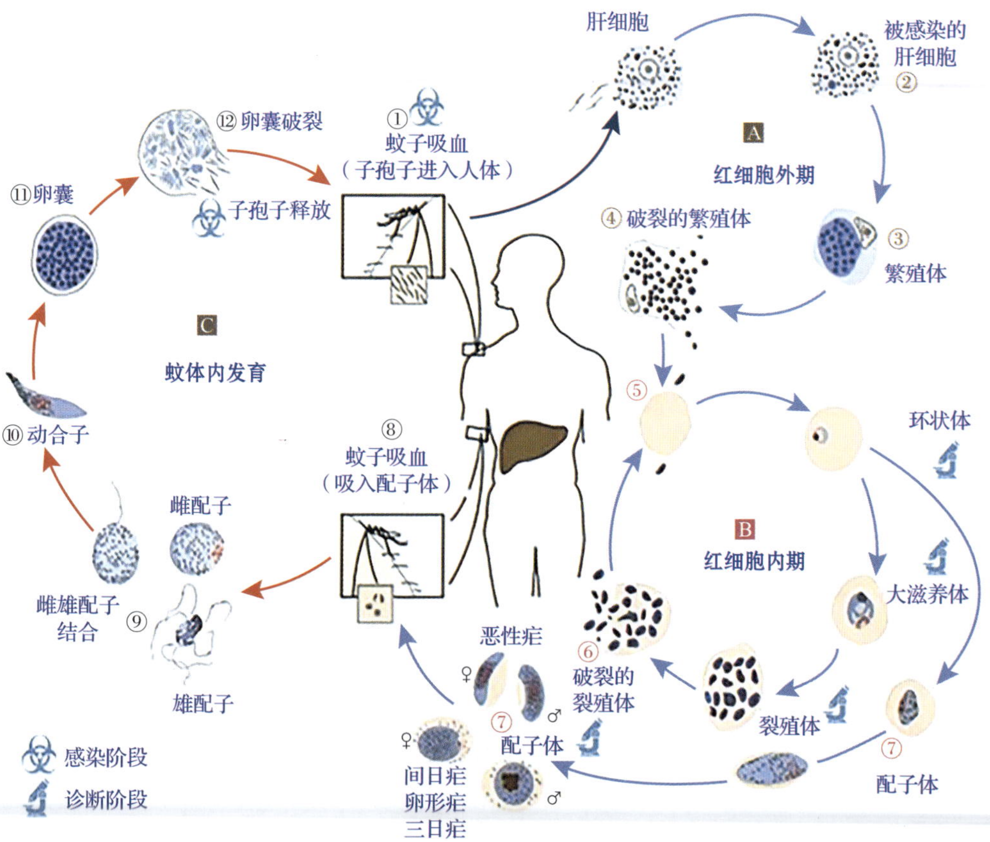

图 2-83　疟原虫生活史

（引自：李卫东等，2018）

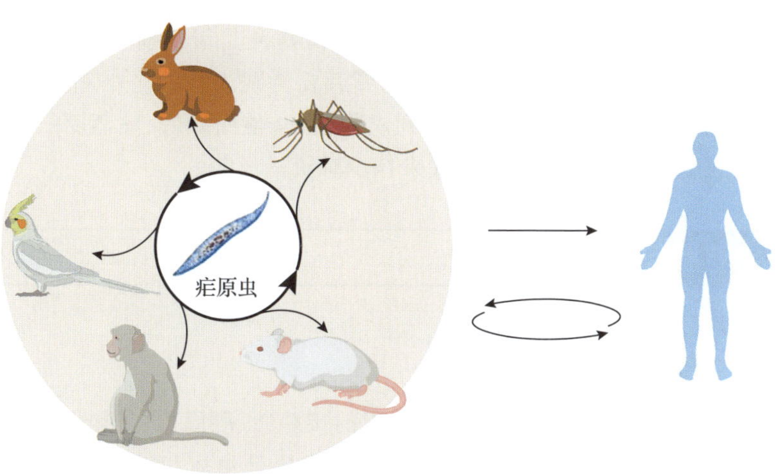

图 2-84　疟原虫易感动物示意

2.2.6.5 感染症状

疟疾的主要症状为高热、四肢酸痛、大汗和乏力等。在一定的潜伏期后，症状会反复出现。严重时，疟疾能引发贫血、低血糖、急性肾功能衰竭或急性肺水肿等并发症。

2.2.6.6 诊断与防控措施

1. 诊断

疟疾的诊断涉及多方面评估，主要包括临床检查以及实验室检查，如制作血涂片以检查血液。其中，血涂片检查因其高效性而被广泛应用，通过采集血液样本制作血涂片，直接镜检以确认疟原虫的存在（图 2-85）是诊断疟疾的关键步骤。若载虫量较低，无法通过血涂片确诊，则通过血液培养或分子生物学检测进一步诊断。

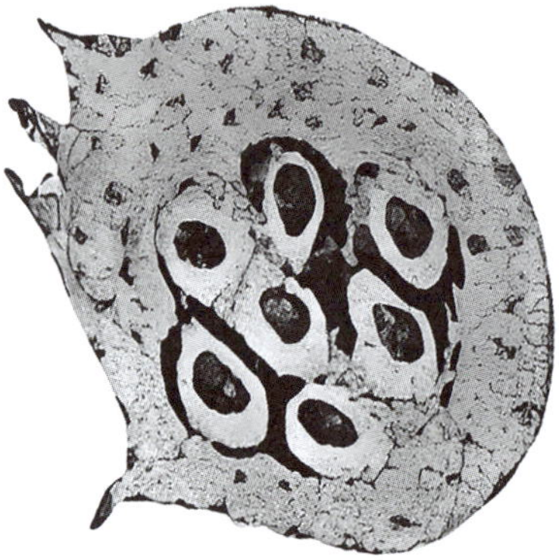

图 2-85 卵形疟原虫
（引自：王光西，2018）

2. 防控措施

治疗疟疾的主要方式是药物治疗，包括青蒿素及其衍生物、喹啉衍生物和抗叶酸类药物等，对于妊娠妇女、儿童和耐药感染者要特别注意。此外，中药也有一定的疗效。对于预防疟疾感染，除了需要做到衣物覆盖、使用蚊帐、喷洒驱蚊剂等物理防护外，还可以通过服用预防药物等方式来减少感染的风险。

2.3 节肢动物类

2.3.1 疥螨病

疥螨病是由疥螨（*Sarcoptes scabiei*）引起的接触性、顽固性、传染性皮肤病。人类感染疥螨导致的皮肤病称为“疥疮”，临床表现主要是炎症和过敏反应，导致严重的瘙痒。疥疮主要在发展中国家流行，易造成严重的公共卫生问题。

2.3.1.1　病原形态

疥螨成虫近似圆形或卵圆形，背部隆起，呈白色或浅黄色，腹部扁平，没有眼睛，没有气门板，身体表面有许多波浪状的条纹，背部有一排圆锥形的皮棘；4 对足，足短，从背部无法观察到后肢；颚体短小，基部嵌入躯体内，有钳形的螯肢，尖端有小齿（图 2-86）。

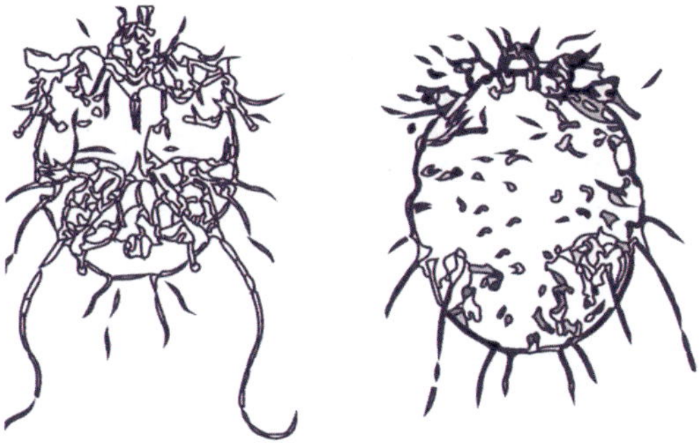

图 2-86　疥螨模式图

2.3.1.2　生活史

疥螨的发育方式为不完全变态发育，发育过程包括 4 个时期：卵、幼螨、若螨和成螨。疥螨在表皮挖掘通道，以脱落的角质层细胞和渗出的淋巴液为食。雌螨在隧道内产卵、发育和繁殖，卵呈椭圆形，黄白色，长约 150 μm。卵经数天可孵出 6 条腿的幼螨，幼螨爬到皮肤表面，再钻入皮下挖掘通道，然后蜕化为 8 条腿的若螨。若螨的生殖器官发育不成熟，需进一步发育为成螨。雌、雄成螨交配产卵，雄螨交配完成后死亡，雌螨寿命约 4 周。整个发育过程为 1～3 周，平均为 15 天（图 2-87）。

2.3.1.3　寄生部位

疥螨常常寄生于表皮，挖掘通道时会造成皮肤的损伤，同时分泌物、代谢产物和死亡的螨虫都会导致过敏，从而导致动物机体的瘙痒。在腋窝、腹股沟、股内侧等部位都会有疥螨的存在。

2.3.1.4　易感动物

疥螨宿主十分广泛，犬、猫、兔、猪等都是其易感动物（图 2-88）。

2.3.1.5　临床症状

奇痒：最常见的症状，病情越严重，痒感越强。

发炎：皮肤炎症，变厚，患病部位脱毛。

消瘦：皮肤瘙痒，导致烦躁进而干扰睡眠，引起消化和吸收功能下降。

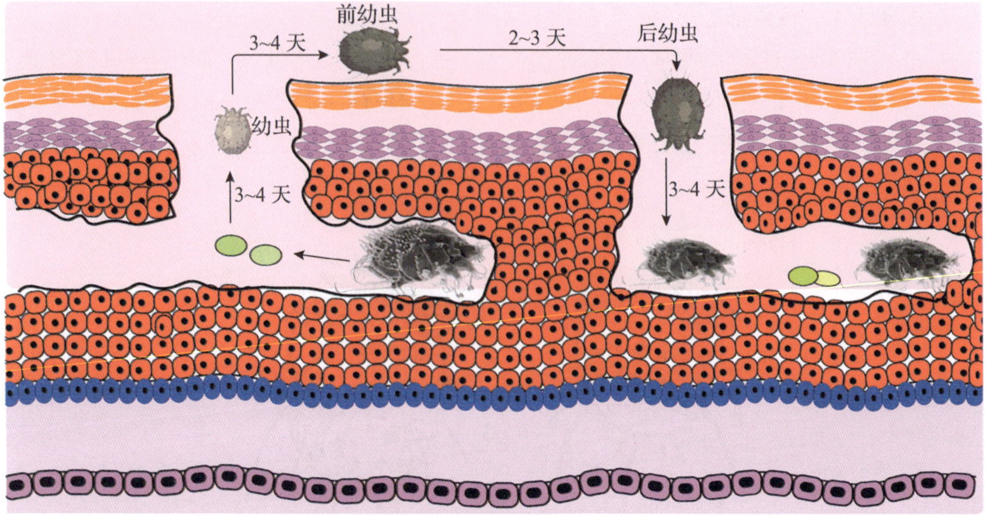

图 2-87 疥螨的生活史

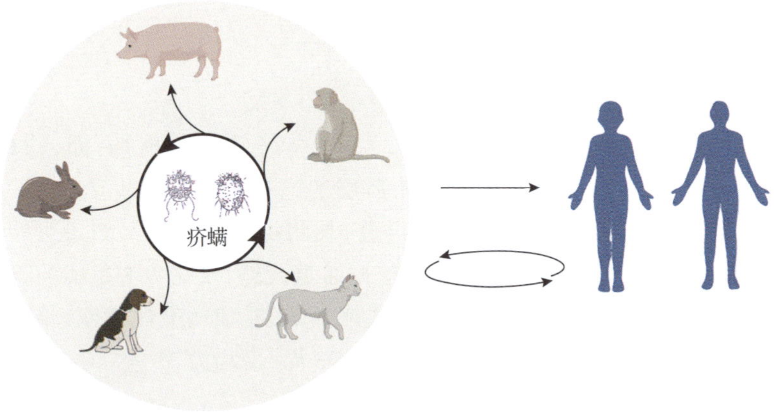

图 2-88 疥螨易感动物示意

2.3.1.6 诊断与防控措施

1. 诊断

常用消毒针头将病灶内的螨虫挑出；或用消毒的矿物油滴于皮肤患处，再用刀片轻刮局部，镜检刮取物。

2. 防控措施

主要是涂抹杀疥虫螨的制剂，如 10% 硫黄、3% 水杨酸软膏、10%～25% 苯甲酸苄酯洗剂或乳剂、扑灭司林霜、40% 硫代硫酸钠溶液、10% 克罗米通乳剂等。

在做好预防措施的同时，要做好个人卫生工作，勤洗澡，勤换衣服。不可与病人同住，不可与其握手，不可与其同穿衣物。如发现感染，应立即处置，将换洗衣物煮沸消毒。如无法煮沸消毒，可用塑料袋包裹衣物 1 周，待疥螨饥饿死亡后再冲洗衣物。

2.3.2　蜱虫病

2.3.2.1　病原形态

蜱虫，寄螨目蜱总科的暂时性寄生虫，全世界约有 800 种，中国约有 110 种。主要栖息于森林、草地、家畜圈舍、人类房屋缝隙或者鸟类巢穴。蜱虫的体型小，一般长度在 2～10 mm。从上方观察其结构，分为口器和身躯两大部分。颚体也称假头，位于躯体前端。躯体呈袋状，多呈褐色，覆盖有盾板，雄蜱的盾板几乎覆盖着整个背面，雌蜱仅占体背前部的一部分（图 2-89）。

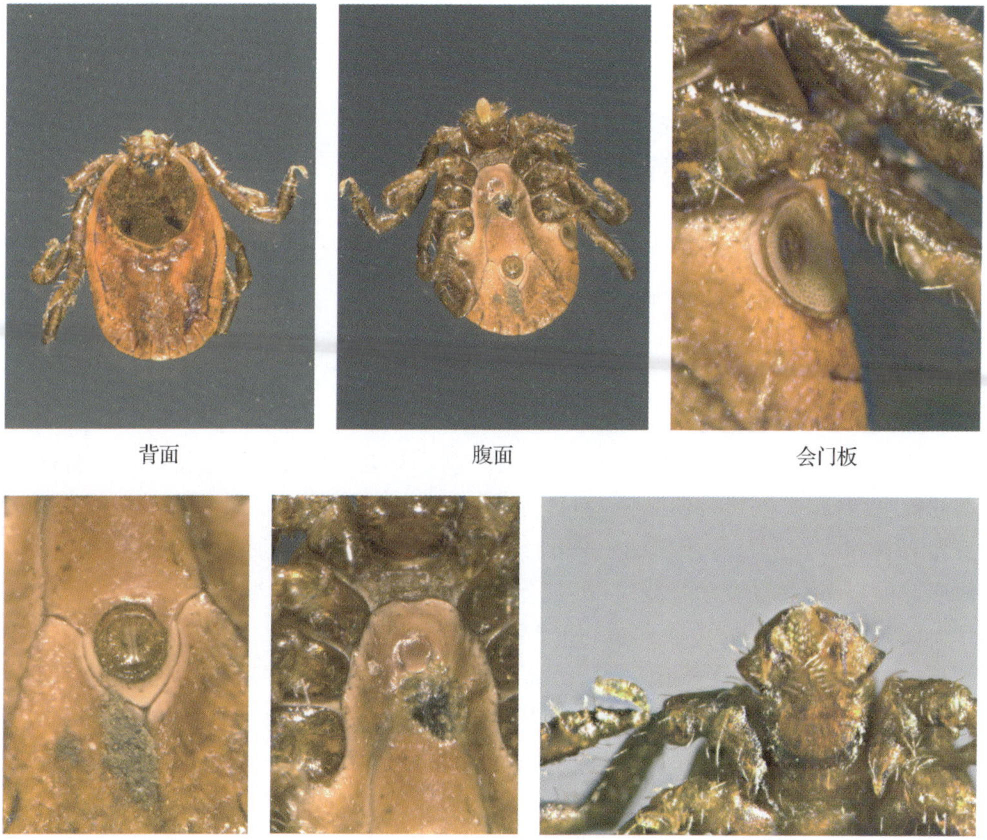

背面　腹面　会门板

肛门　生殖孔　假头

图 2-89　长角血蜱

2.3.2.2　生活史

不论硬蜱还是软蜱，发育过程均经历 4 期：卵、幼蜱、若蜱和成蜱。

(1) 卵 硬蜱会在宿主身上交配，随后吸饱血液的雌性会脱离宿主寻找安全的位置产卵，每头硬蜱最多能产下 3 000 枚卵。软蜱的交配是在脱离宿主后进行的，雌性软蜱每次可产几百到上千枚卵。

(2) 幼蜱 幼蜱从卵孵化而来，刚孵化的幼蜱有 6 条腿，在找到宿主吸取足够的血液后脱离宿主，蜕皮并发育成具有 8 条腿的若蜱。

(3) 若蜱 硬蜱和软蜱的若蜱具有不同的龄期，硬蜱科的若蜱只有 1 个龄期，软蜱科通常有 2~7 个不等的龄期，每个龄期都需要 1 次吸血才能发育至下一阶段。

(4) 成蜱 发育成熟的蜱虫在吸饱血后，落地并寻找合适的位置，如草根、树根、畜舍等处产卵。

蜱在生活史中有更换宿主的现象，根据其更换宿主的次数可分为如下 4 种类型。

(1) 单宿主蜱虫 该类蜱虫发育各个时期都在一个宿主体上，成年雌虫吸饱血后落地产卵，如微小牛蜱(*Boophilus microplus*)。

(2) 二宿主蜱虫 即发育过程中幼蜱发育和若蜱在一个宿主体上，而成蜱在另一个宿主体上寄生，如残缘璃眼蜱(*Hyaloma detritum*)。

(3) 三宿主蜱虫 生命周期中的幼蜱、若蜱和成蜱各自选择不同的 3 个宿主，如广泛分布的全沟硬蜱和草原硬蜱。这类硬蜱占据了硬蜱总数的 90%，并且是多种蜱媒传染病的主要媒介。

(4) 多宿主蜱 无论在哪个成长期——幼蜱、若蜱、成蜱阶段，或是每次产卵前的雌蜱，都需要换取新宿主以获得血液养分，并在吸血后脱离宿主，此类情况多见于软蜱(图 2-90)。

2.3.2.3 寄生部位

蜱虫没有视觉，通过动物的呼吸、身体气味、体温、振动等来定位宿主。许多种类的蜱虫，特别是硬蜱科的品种，不具备飞翔和跳跃的能力，通过“觅取宿主”的方法来搜寻食物。在此过程中，一般会用后两对腿抓住植物的叶片，呈现出前端两只腿伸展开的姿态，一旦有动物走过，便能迅速依附上去。获得食物源后，蜱虫或迅即吸食血液，或寻觅薄弱的皮肤部位，如哺乳类动物的耳后区域。不同品种和发育阶段的蜱虫吸血所需时间差异很大，从 10 min 到 2 h 不等。当找到理想的取食点时，便会攫住动物的皮肤，用锐利的口器割开皮层并在角质层打开一个口子，将口器插入皮下组织吸吮血液，并释放抗凝血物质以避免血液凝固。

2.3.2.4 流行病学

除卵以外的所有蜱虫发育时期均以吸食血液为生，宿主广泛，包含陆地上的哺乳动物、飞鸟、爬虫以及两栖生物，而且有些蜱也叮咬人。作为动物与人类疾病互相传播的关键媒介，蜱携带繁多的致病原，能够传递超过 40 种不同的病症，这些疾病有可能致使宿主死亡。

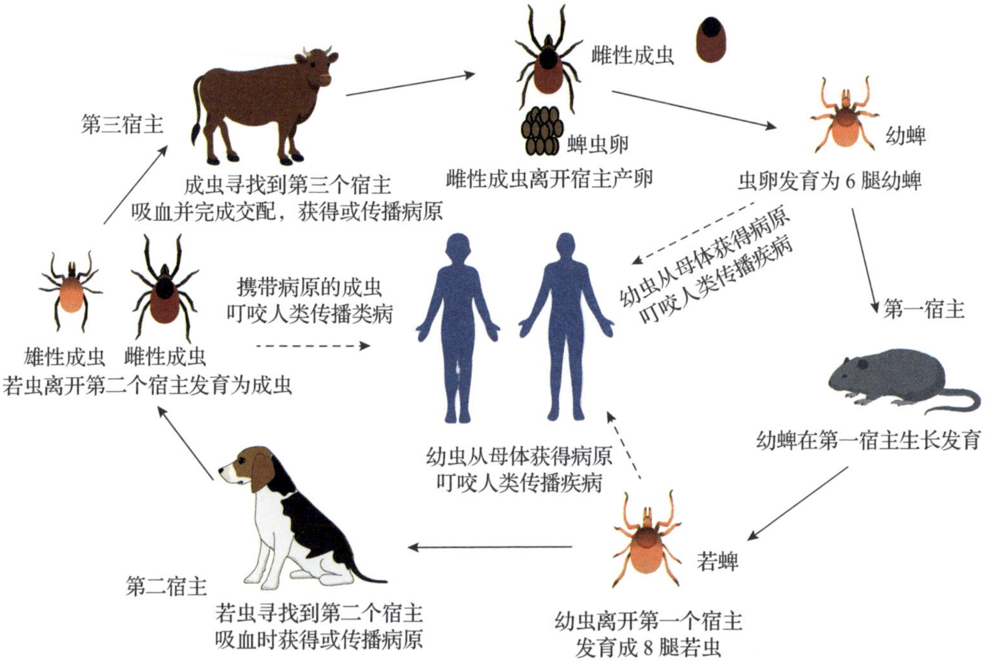

图 2-90 蜱虫生活史

2.3.2.5 易感动物

鼠类、家畜、家禽是蜱类的主要宿主。

1. 沟壁硬蜱（*Ixodes persulcatus*）

需要接连变迁 3 个宿主并耗时 3 年才得以进化到成熟期。在严寒的冬季，其幼虫、若虫及成虫均可不吸血而存活。成熟的沟壁硬蜱往往寄生于体型偏大的哺乳动物体表，人类也频繁遭其侵袭；幼虫和若虫则倾向于以体型较小的哺乳类或鸟类作为栖息点。分布遍及我国东北、内蒙古、甘肃、新疆、西藏等众多地区。作为媒介，沟壁硬蜱常见于本土森林脑炎的传播链中，此外还能够传播 Q 热，以及西伯利亚斑疹热等疾病。

2. 草原革蜱（*Dermacentor nuttalli*）

典型的草原种类，多栖息于干旱的半荒漠草原地带。成蜱春季活动，幼蜱、若蜱夏秋季出现。属三宿主蜱，一年世代，以成虫越冬。成虫寄生于大型哺乳动物体表，有时侵袭人；幼虫和若虫寄生于各种啮齿动物。分布于东北、华北、西北和西藏等地区。是北亚蜱传立克次体病的主要媒介，也可传播布鲁氏菌病。

3. 亚东璃眼蜱（*Hyalomma asiaticum kozlovi*）

主要栖息于干旱的草甸半沙漠环境。这种成年蜱虫在冬季较为活跃。属三宿主蜱，发育一代大约需要一年的时间。成年蜱主要叮咬骆驼等家畜，人类也有感染记录;幼虫与若虫则多寄居于小型野生哺乳动物体表。分布范围覆盖吉林、内蒙古及西北地区等。是新疆出血热的传播媒介。

4. 乳突钝缘蜱(*Ornithodoros papillipes*)

主要栖息于荒漠及亚荒漠区域。多宿主蜱。通常叮咬各类中小型哺乳动物,如狐狸、兔子、杂食性鼠类、刺猬等。不仅吸食这些动物的血液,也会对人类造成侵扰。活动范围遍及新疆和山西,并能传播回归热和Q热。

2.3.2.6 感染症状

大多数蜱虫病症状并不明显,或是一过性的,患者不一定有明显的不舒服,不易引起重视。

蜱虫叮咬可能在皮肤上引起一个红色的小突起。一些人对蜱虫叮咬会有过敏反应,在叮咬的周边形成直径2.5~5 cm的红色肿块。红肿通常不会扩散,但如果伴随出现皮疹,可能是预警信号。如果症状较重,或者出现器官功能的损害等严重的表现,则需要住院治疗。

2.3.2.7 诊断与防控措施

1. 诊断

需要依据流行病学史即蜱虫叮咬史、在蜱虫活动区域的工作或生活史及症状和辅助检查,如影像检查、血清学检测、病原学检测的结果综合评估来进行诊断。

(1) 莱姆病(Lyme disease) 莱姆病由伯氏疏螺旋体(*Borrelia burgdorferi*)引起,普遍采取二级血清学筛查方法。第一级是利用初步检查通常会用酶联免疫吸附测定(ELISA)或间接免疫荧光测定(IFA)对患者血清进行初筛,以识别是否存在螺旋体感染,对于初筛结果为阳性的情况,再进一步通过免疫印迹技术进行验证确诊。此外,PCR技术作为辅助手段也被广泛运用于诊断中,但由于其对不同类型样本如皮肤组织、血液的敏感度存在差异,需结合具体情况考虑样本选择。

(2) 蜱传脑炎(tick-borne encephalitis,TBE) 蜱传脑炎又名森林脑炎,该疾病是感染了归属于黄病毒科中的蜱媒脑炎病毒(Tick-borne encephalitis virus,TBEV)而导致的,是以神经系统损伤为主的传染病。目前TBE的诊断方法包括ELISA、IFA、PCR和中和抗体检测等。各种检测方法针对的病程不同且各有优缺点,需根据实际情况选择。

(3) 人嗜粒细胞无形体病(human granu-locytic anaplasmosis,HGA) HGA主要是由携带嗜吞噬细胞无形体的蜱叮咬人后所引起的一种新发传染病。确诊HGA最权威的手段是分离并培养出病原,然而这个过程不仅耗时,而且成功率不高。在急性期,采用吉姆萨(Giemsa)染色技术检查是否有感染是目前识别早期病例的最迅速手段。

(4) 发热伴血小板减少综合征(severe fever with thrombocytopenia syndrome,SFTS) 大别山班达病毒(Dabie bandavirus,DBV),用于识别此病毒的检测技术包括病毒培养、核酸测试和血清学检验。在基层诊所和社区医疗服务机构中,广泛使用一种依据转换发光原理进行的免疫层析的快速检测技术以检测发热伴血小板减少综合征病毒(SFTSV)的总抗体,而针对 SFTSV 感染的确认,则最常采用实时荧光定量 PCR。

(5) 蜱传出血热 病原为克里米亚-刚果出血热病毒(Crimea-Congo hemorrhagic fever virus, CCHFV)。病毒培养是最有效的检测方法,反转录聚合酶链式反应(reverse transcription-polymerase chain reaction, RT-PCR)应用最广泛,此外还有 ELISA、IFA 和免疫组化检测等诊断方法。

2. 防控措施

防控措施主要分为环境防治、化学防治结合个人防护。

(1) 环境防治 对草甸区域实施牧地交替及牧区分割策略以消除蜱虫。同时,开垦土地、除去灌木丛和野草,彻底打扫家畜栏舍,封堵裂缝和孔洞以杜绝蜱虫繁殖,并且积极捕杀啮齿类动物。

(2) 化学防治 蜱类栖息及越冬场所可喷洒敌敌畏、马拉硫磷、杀螟硫磷等,牲畜可定期药浴杀蜱。

(3) 个人防护 进入有蜱地区要穿“五紧服”,长袜长靴,戴防护帽。外露部位要涂布驱避剂,离开时应相互检查,勿将蜱带出疫区。

2.3.3 蚊媒寄生虫

蚊虫属昆虫纲,个体小,并且有很多种类,是最重要的与医学相关的昆虫。在吸血的时候,蚊虫能传播 80 多种疾病,如按蚊(图 2-91A)可以传播疟疾,库蚊可以传播流行性乙型脑炎,伊蚊(图 2-91B)可以传播登革热、基孔肯雅热、寨卡病毒病等。蚊媒传染病病例数占我国传染病发病病例数的 5%～10%。全球生态环境的恶化、人类活动空间范围的扩大、病原对药物及蚊虫对杀虫剂的耐药性问题是蚊虫传染病发病率升高的主要原因。

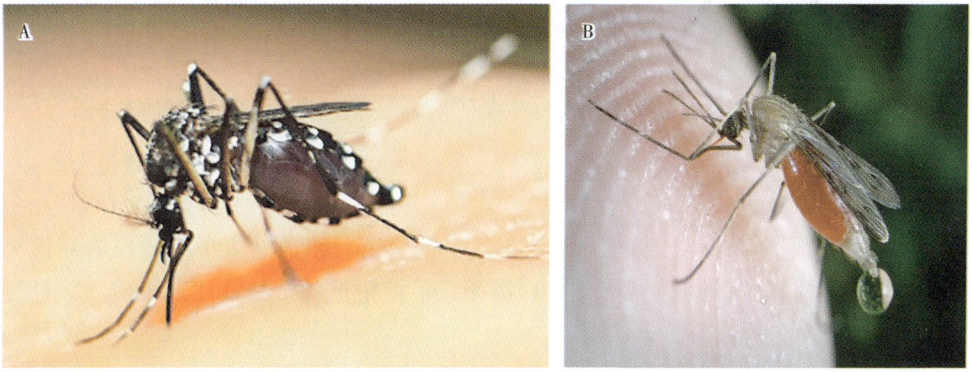

图 2-91 按蚊(A)(引自:胡乔木等,2009)和**伊蚊(B)**(引自:蔡福昌,2012)

2.3.4 虻传寄生虫

2.3.4.1 病原形态

虻属于双翅目虻科，常见别名有牛虻、牛蚊子、牛蝇。体型粗壮，体色多变，以灰色或黄色为主，表面光滑。头部半球形，复眼发达，几乎覆盖整个头部，且雌性与雄性的复眼有明显差异：雌性复眼间有间隔，雄性则相接。部分虻类还具有 3 个单眼。口器为刮舐型，上唇宽阔且长，下颚类似刺刀，下颚须基部有感觉器官，舌扁平且中央有唾腺管，下唇背面有纵沟且末端分叉。触角分为 3 节，第 3 节有多个环。胸部结构复杂，翅膀可能透明或有斑点，翅脉复杂。腹部 7 节，末端为外生殖器（图 2-92）。

2.3.4.2 生活史

虻的生命周期包括卵、幼虫、蛹和成虫 4 个阶段。雌虻在吸取血液后产卵，通常在湿润环境中，卵孵化成幼虫后，幼虫以捕食其他小动物为生。幼虫期较长，经历多次蜕皮后进入蛹期，最终羽化成成虫。整个生命周期为 60～417 天（图 2-93）。

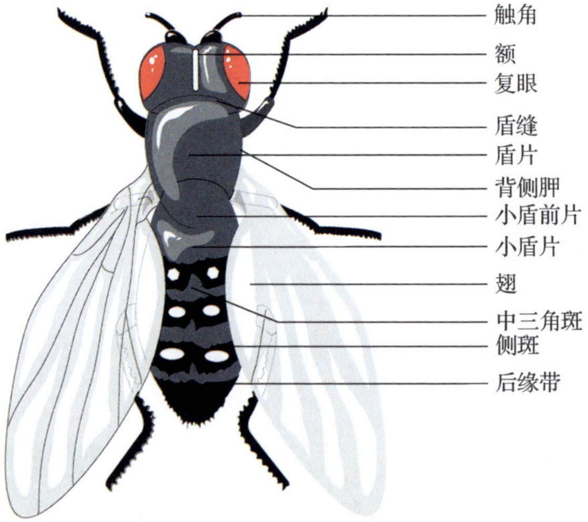

图 2-92 虻成虫结构示意

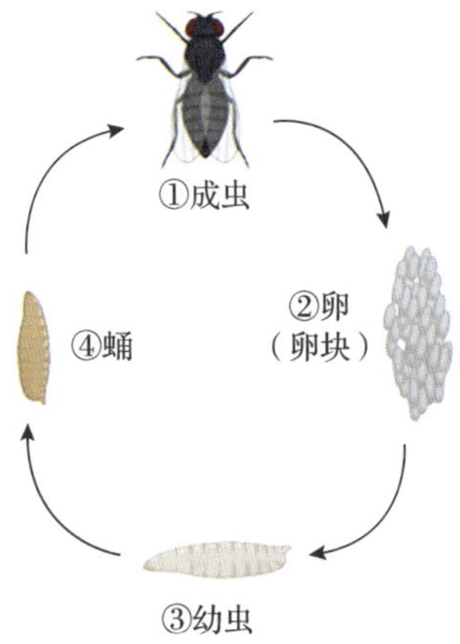

图 2-93 虻的生活史

1. 卵

虻的卵一般呈纺锤形，长 1.5～2.5 mm，呈黄白色。卵常以 200～500 粒的规模聚集在一起，形成团块，通常附着在稻田、沼泽或池塘附近的植物叶片或小枝上。经过大约 1 周的时间，卵会孵化出幼虫。

2. 幼虫

幼虫形状细长，类似纺锤，两端尖细，呈淡黄色。经历 6～10 次的生长阶段，体长从最初的 2～4 mm 逐渐增长到 22～25 mm。幼虫的腹部从第一节到第七节都有疣状的突起，而尾部则有一根长的呼吸管和气门。幼虫以捕食小型动物为生，这个阶段可能会持续几个月甚至超过一年。当幼虫发育成熟时，会转移到干燥的土壤中，准备进入蛹期。

3. 蛹

蛹是裸露的，可以明显区分出头胸部和腹部。最初呈黄棕色，但随着时间的推移，颜色会逐渐变深。蛹期一般持续 1～3 周，然后蛹羽化成成虫。

4. 成虫

成虫的体型较大、粗壮，头部宽阔，与胸部的宽度相等或更宽，体长 1～3 cm。成虫的颜色为棕褐色、黑色或黄绿色，通常具有鲜明的色斑和光泽，体表覆盖细小绒毛（图 2-94）。

图 2-94 虻成虫

（引自：Dwight，2014）

2.3.4.3 寄生部位

虻主要寄生于动物体表。

2.3.4.4 流行病学

虻的活动时间都在夏季炎热的白天，喜欢强烈日光。在阴雨天不活动，常停留在凉爽的树阴下。虻的活动力很强，能飞到很远的地方寻找动物吸血。雌虻除吸血外也吸花汁，但雌虻没有吸到血则不能产卵。雄虻不吸血，只吸植物汁，多居于草丛及树林中。

2.3.4.5 易感动物

雄虻通常以植物的汁液为食，而雌虻则以血液为食，主要叮咬牛、马、驴等大型家畜，偶尔也会攻击其他动物甚至人类（图 2-95）。

2.3.4.6 感染症状

虻叮咬时注入有毒唾液，会导致伤口肿胀、痛痒和出血，从而影响家畜的采食和产奶。虻还可以机械传播疾病，如牛和马的锥虫病、无浆虫病、巴氏杆菌病、炭疽和野兔热等。人感染后常呈多发性红斑，为圆形、扁平、大斑块。

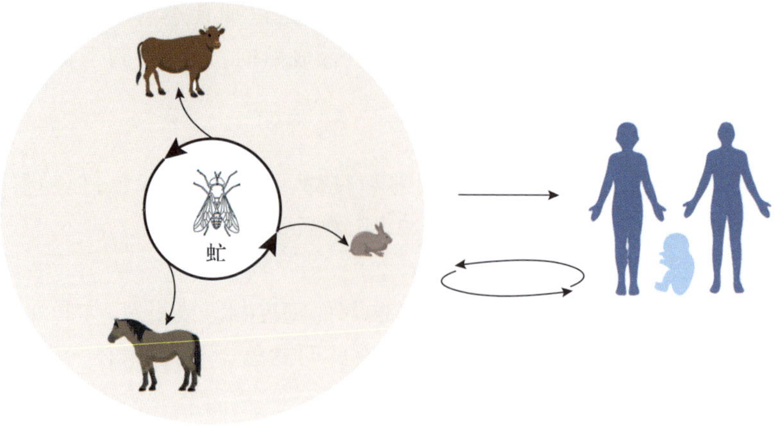

图 2-95 虻易感动物示意

2.3.4.7 诊断与防控措施

1. 诊断

夏秋季节检查动物被毛，叮咬后的伤口在虻唾液的刺激下常形成疼痛的肿包，根据临床症状如伤口肿胀、痛痒、出血、畜体消瘦等特征作出诊断。确诊需在畜体或周围发现虻。

2. 防控措施

由于虻的滋生地广，活动力强，活动范围广，目前还没有有效的防治方法。因此，可以在夏季虻活动季节，改变放牧时间，在中午烈日时，将牛驱入树荫下，虻很少飞入吸血。阴雨天虻不活动，可全天放牧。

参考文献

蔡福昌，2012. 中国云南边境口岸常见蚊虫彩色鉴别图谱 [M]. 昆明：云南人民出版社.

戴波涛，2022. 宠物体表寄生虫病及其治疗 [J]. 畜牧兽医科技信息，(1)：166-167.

郝丽娜，2020. 实用超声医学诊断学 [M]. 南昌：江西科学技术出版社.

胡乔木，姜椿芳，梅益，等，2009. 中国大百科全书 [M]. 2 版. 北京：中国大百科全书出版社.

李卫东，2018. 疟原虫镜检技术及图谱 [M]. 合肥：安徽科学技术出版社.

李赵睿羿，王朝，王辉，等，2024. 弓首属 3 种蛔虫卵体外发育的形态观察 [J]. 中国农业大学学报，29(11)：94-101.

刘彦，木兰，2020. 人体寄生虫学 [M]. 武汉：华中科技大学出版社.

派读宠物行业大数据，2024. 2023—2024 年中国宠物行业白皮书(消费报告) [EB]. 派读宠物行业大数据.

宋伟琪，安玉峰，王霞，等，2021. 耳甲腔蜱虫叮咬 1 例 [J]. 中国眼耳鼻喉科杂志，(1)：54.

王光西，2018. 人体寄生虫学实验指导 [M]. 北京：北京大学医学出版社.

王奇，师悦，秦瑶，等，2024. 2017—2022 年中国内脏利什曼病流行特征及时空聚集性分析 [J]. 热带病与寄生虫学，22(2)：68-75.

肖海君，臧富玉，陈维，等，2024. 2018—2022 年全国仔猪等孢球虫病流行病学调查 [J]. 国外畜牧学(猪与禽)，44(1)：102-107.

徐晔，段宏安，周毅，等，2023. 金枪鱼泡吻棘头虫的分离与鉴定 [J]. 科学养鱼，(8)：57-58.

杨华，邹利光，2018. 临床实用 MRI 掌中宝 [M]. 广州：广东科技出版社.

张高峰，2022. 长角血蜱感染卵形巴贝斯虫前后的差异分子筛选及功能验证 [D]. 北京：中国农业科学院.

张米禛，黄继磊，朱慧慧，等，2023. 2020 年全国人体土源性线虫感染情况分析 [J]. 中国寄生虫学与寄生虫病杂志，41(3)：331-335，343.

张仁刚，敬保迁，张洁，等，2009. 不同种株利什曼原虫前鞭毛体体外向无鞭毛体转化的研究 [J]. 四川动物，28(4)：488-492.

赵建新，2012. 吐鲁番地区牛巴贝斯虫病流行病学调查与防治研究 [D]. 乌鲁木齐：新疆农业大学.

周光湖，1986. 计算机断层摄影原理及应用 CT [M]. 成都：成都电讯工程学院出版社.

周珊珊，姜岩岩，曹建平，等，2024. 我国啮齿目动物隐孢子虫感染现状 [J]. 中国寄生虫学与寄生虫病杂志，42(4)：512-520.

朱名超，朱娅，舒玲，等，2024. 2 例华支睾吸虫感染病例分析 [J]. 寄生虫与医学昆虫学报，31(3)：177-179.

朱正威，赵占良，2013. 生物学：八年级上册 [M]. 北京：人民教育出版社.

诸欣平，苏川，2013. 人体寄生虫学 [M]. 8 版. 北京：人民卫生出版社.

Alho A M, Marcelino I, Colella V, et al, 2017. *Dirofilaria immitis* in pinnipeds and a new host record [J]. Parasites & Vectors, 10(1): 142.

Bai H, Tang B, Qiao W, et al, 2022. The prevalence of *Trichinella spiralis* in domestic pigs in China: a systematic review and meta-analysis [J]. Animals: an open access journal from MDPI, 12(24): 3553.

Dwight D, 2014. Georgis' parasitology for veterinarians [M]. 10th ed. Amsterdam: Elisevier.

Dwight D, Bowman M S, 2008. Georgis' parasitology for veterinarians [M]. Philadelphia: Saunders.

Elsheikha H, Patterson J, 2013. Veterinary parasitology [M]. Carabas: CRC Press.

Gao Y, Wang W, Lyu C, et al, 2021. Meta-analysis of the prevalence of *Echinococcus* in sheep in China from 1983 to 2020 [J]. Front Cell Infect Microbiol, 11: 711332.

Hong Q, Feng J, Liu H, et al, 2016. Prevalence of *Spirometra mansoni* in dogs, cats, and frogs and its medical relevance in Guangzhou, China [J]. International Journal of Infectious Diseases, 53: 41-45.

Jung B K, Lee J Y, Chang T, et al, 2020. Rare case of enteric *Ancylostoma caninum* hookworm infection, South Korea [J]. Emerging infectious diseases, 26(1): 181-183.

Khan A, Shaik J S, Grigg M E, 2018. Genomics and molecular epidemiology of *Cryptosporidium* species [J]. Acta Tropica, 184: 1-14.

Koehler T M, 2009. *Bacillus anthracis* physiology and genetics [J]. Molecular Aspects of Medicine, 30(6): 386-396.

Lai D, Hong X, Su B, et al, 2016. Current status of *Clonorchis sinensis* and clonorchiasis in China [J]. Transactions of The Royal Society of Tropical Medicine and Hygiene, 110(1): 21-27.

Liu K, Sun Y, Pan R, et al, 2024. Infection and biogeographical characteristics of *Paragonimus westermani* and *P. skrjabini* in humans and animal hosts in China: a systematic review and meta-analysis [J]. PLoS Neglected Tropical Diseases, 18(8): e0012366.

María A C, Celina E M, 2014. Efficacy of albendazole in combination with thymol against *Echinococcus multilocularis* protoscoleces and metacestodes [J]. Acta Tropica, 140: 61-67.

Matthews M, Vanlier C, de Montjoye L, et al, 2020. A creeping holiday souvenir: about a misleading case of hookworm folliculitis [J]. Journal of Travel Medicine, 27(6): taaa101.

Mehlhorn H, 2008. Encyclopedia of parasitology [M]. Heidelberg: Springer.

Schmidt G D, Seidularry S, Janovy J, 1996. Schmidt & Larry S. Roberts' foundations of parasitology [M]. Dubuque County, Iowa: Wm. C. Brown.

Soriano S V, Debiaggi M F, Pierangeli N B, et al, 2014. First study about the development of adult *Echinococcus canadensis* G6 genotype of goat origin in experimentally infected dogs [J]. Vet Parasitol, 228: 6-12.

Sun J, Qin Z, Fu Y, et al, 2023. Assessment of potential zoonotic transmission of *Giardia duodenalis* from dogs and cats [J]. One Health, 17: 100651.

Xie Y, Hoberg E P, Yang, Z, et al, 2017. *Ancylostoma ailuropodae* n. sp. (Nematoda: Ancylostomatidae), a new hookworm parasite isolated from wild giant pandas in Southwest China [J]. Parasites & Vectors, 10(1): 277.

Yang Z, Yuan H, Nie L, et al, 2024. Deciphering the epidemiological dynamics: *Toxoplasma gondii* seroprevalence in mainland China's food animals, 2010—2023 [J]. Frontiers in Cellular and Infection Microbiology, 14: 1381537.

Ying Z, Upadhyay A, Wang J, et al, 2023. The prevalence of canine dirofilariasis in China: a systematic review and meta-analysis [J]. Parasites & Vectors, 16(1): 207.

附　录

附录1　寄生虫分类

1. 寄生虫的分类系统(classification system of parasites)

寄生虫是一类小型寄生动物。现行的动物分类系统有7个分类等级(taxa),即界(kingdom)、门(phylum)、纲(class)、目(order)、科(family)、属(genus)、种(species)。寄生虫分类的基本单位是种,种是指具有一定形态学特征和遗传学特性的生物类群(biological group)。近缘的种归结到一起称为属,近缘的属归结到一起称为科,依此类推。当这7个基本等级不够用时,则可在等级之间加入一些中间等级,这些中间等级的构成是在原等级名称之前加词头总(超,super-)或亚(sub-),再分别置于原等级名称的前或后。这样,原来的7个等级即成为:界、亚界(kingdom)、门、亚门(phylum)、总(超)纲(superclass)、纲、亚纲(subclass)、总目(superorder)、目、亚目(suborder)、总科(superfamily)、科、亚科(subfamily)、属、亚属(subgenus)、种及亚种(subspecies)或变种(variant)。

按照惯例,亚科、科和总科等名称都有标准的字尾,亚科是 -inae,科是 -idae,总科是 -oidea,将这些字尾加在模式属的学名词干之后即构成了相应的亚科名、科名和总科名。如圆线属(*strongylus*),圆线亚科(stronglinae),圆线科(strongylidae),圆线总科(strongyloidea)。

按照动物分类系统,寄生于动物的寄生虫分属于动物界(kingdom animalia)的下列5个门:扁形动物门(Platyhelminthes)、线形动物门(Nemathelminthes)、棘头动物门(Acanthocephala)、节肢动物门(Arthropoda)和原生动物门(Protozoa)。前3个门的寄生虫通常称为蠕虫(helminth),原生动物门的寄生虫通常称为原虫(protozoa)。除上述5个门外,环节动物门(Annelida)的某些蛭,如蚂蟥(leech),偶尔也可寄生于人和动物的体表、鼻腔等处吸血。

2. 蠕虫的分类(classification of helminths)

(1) 吸虫的分类(classification oftrematodes)

吸虫指扁形动物门(Platyhelminthes)吸虫纲(Trematoda)的生物,种类均为寄生,少数营外寄生生活,多数营内寄生生活。与兽医有关的吸虫分类大多采用的分类系统如下。

复殖目(Digenea)

前口亚目(Prostomata)

前后盘科(Paramphistomatidae):前后盘属(*Paramphistomum*);殖盘属(*Cotylophoron*);腹袋属(*Gastrothylax*);菲策属(*Fischoederius*);卡妙属(*Carmyerius*)

后睾科(Opisthorchiidae):支睾属(*Clonorchis*);后睾属(*Opisthorchis*);次睾属(*Metorchis*);对体属(*Amphinerus*)

棘口科(Echinostomatidae):棘口属(*Echinostoma*);棘隙属(*Echinochasmus*);棘缘属(*Echinoparyphium*);低颈属(*Hypoderaeum*)

背孔科(Notocotylidae):背孔属(*Notocotylus*);槽盘属(*Ogmocotyle*);下殖属(*Catatropis*)

分体科(Schistosomatidae):分体属(*Schistosoma*);东毕属(*Orientobilharzia*)

环肠科(Cyclocoelidae):环肠属(*Cyclocoelum*);嗜气管属(*Tracheophilus*)

双腔科(Dicrocoeliidae):双腔属(*Dicrocoelium*);阔盘属(*Eurytrema*)

片形科(Fasciolidae):片形属(*Fasciola*);姜片属(*Fasciolopsis*)

前殖科(Prosthogonimidae):前殖属(*Prosthogonimus*)

嗜眼科(Philophthalmidae):嗜眼属(*Philophthalomus*)

并殖科(Paragonimidae):并殖属(*Paragonimus*)

(2)绦虫的分类(classification of cestodes)

绦虫(tapeworm)指扁形动物门(Platyhelminthes)绦虫纲(Cestoda)的生物。其下分为2个亚纲:单节亚纲(Cestodaria)、多节亚纲(Cestoda),13个目60个科,共3 767种。绦虫纲共包括14个目。常见于人、家畜、家禽及某些经济动物的绦虫,以圆叶目和假叶目为主,尤以圆叶目绦虫多见。

圆叶目(Cyclophyllidea)

裸头科(Anoplocephalidae):莫尼茨属(*Moniezia*);裸头属(*Anoplocephala*);副裸头属(*Paranoplocephala*);无卵黄腺属(*Avitellina*);曲子宫属(*Helictometra*)

带科(Taeniidae):带属(*Taenia*);带吻属(*Taeniarhynchus*);棘球属(*Echinococcus*);多头属(*Multiceps*)

膜壳科(Hymenolepidae):剑带属(*Drepanidotaenia*);膜壳属(*Hymenolepis*)

戴文科(Davaineidae):戴文属(*Davainea*);瑞利属(*Raillietina*)

双壳科(Dilepididae):复孔属(*Dipylidium*)

假叶目(Pseudophyllidea)

双叶槽科(Diphyllobothriidae),也称裂头科:双叶槽属(Diphyllobothrium);迭宫属(Spirometra)

(3)线虫的分类(classification of nematode)

线虫(nematode)指线形动物门(Nemathelminthes)的生物。线虫的分类十分复杂。

在对线虫进行分类时，由于不同的专家、学者侧重于线虫不同的形态学、生物学等特征，所以迄今已有多种线虫分类系统。本书中所涉及的线虫种类，其分类采用如下的线虫分类系统。

尾感器纲（Secernentea 或 Phasmidia）：其中圆线目是有交合伞线虫（bursate nematodes），其他均为无交合伞线虫（non-bursate nematodes）

圆线目（Strongylata）

毛圆科（Trichostrongylidae）：毛圆属（*Trichostrongylus*）；血矛属（*Haemonchus*）；奥斯特属（*Ostertagia*）；马歇尔属（*Marshallagia*）；古柏属（*Cooperia*）；细颈属（*Nematodirus*）；似细颈属（*Nematodirella*）；长刺属（*Mecistocirrus*）；猪圆属（*Hyostrongylus*）

毛线科（Trichonematidae），又名盅口科（Cyathostomidae）：毛线属（*Trichonema*），又名盅口属（*Cyathostomum*）；杯口属（*Poteriostomum*）；辐首属（*Gyalocephalus*）

钩口科（Ancylostomatidae）：钩口属（*Ancylostoma*）；仰口属（*Bunostomum*）；球首属（*Globocephalus*）

原圆科（Protostrongylidae）：原圆属（*Protostrongylus*）；缪勒属（*Muellerius*）；囊尾属（*Cystocaulus*）：刺尾属（*Spiculocaulus*）；新圆属（*Neostrongylus*）

圆线科（Strongylidae）：圆线属（*Strongylus*）；三齿属（*Triodontophorus*）；盆口属（Craterostomum）；食道齿属（*Oesophagodontus*）；夏柏特属（*Chabertia*）

食道口科（Oesophagostomatidae）：食道口属（*Oesophagostomum*）

裂口科（Amidostomatidae）：裂口属（*Amidostomum*）

管圆科（Angiostrongylidae）：管圆属（*Angiostrongylus*）

网尾科（Dictyocaulidae）：网尾属（*Dictyocaulus*）

后圆科（Metastrongylidae）：后圆属（*Metastrongylus*）

冠尾科（Stephanuridae）：冠尾属（*Stephanurus*）

比翼科（Syngamidae）：比翼属（*Syngamus*）

杆形目（Rhabditata）

类圆科（Strongyloididae）：类圆属（*Strongyloides*）

小杆科（Rhabditidae）

蛔目（Ascaridata）

弓首科（Toxocaridae）：弓首属（*Toxocara*）；新蛔属（*Neoascaris*）；弓蛔属（*Toxascaris*）

蛔科（Ascaridae）：蛔属（*Ascaris*）；副蛔属（*Parascaris*）

禽蛔科（Ascaridiidae）：禽蛔属（*Ascaridia*）

异尖科（Anisakidae）：异尖属（*Anisakis*）

尖尾目（Oxyurata）

异刺超科（Heterakoidea），异刺科（Heterakidae）：异刺属（*Heterakis*）

尖尾超科（Oxyuroidea），尖尾科（Oxyuridae）：尖尾属（*Oxyuris*）

旋尾目(Spirurata)

似蛔科(Ascaropsidae):似蛔属(*Ascarops*);泡首属(*Physocephalus*);西蒙属(*Simondsia*)

锐形科(Acuariidae),或称华首科:锐形属(华首属)(*Acuaria*);副柔线属(*Parabronema*)

颚口科(Gnathostomatiidae):颚口属(*Gnathostoma*)

筒线科(Gongylonematidae):筒线属(*Gongylonema*)

柔线科(Habronematidae):柔线属(*Habronema*)

泡翼科(Physalopteridae):泡翼属(*Physaloptera*)

尾旋科(Spirocercidae):尾旋属(*Spirocerca*)

四棱科(Tetrameridae):四棱属(*Tetrameres*)

吸吮科(Thelaziidae):吸吮属(*Thelazia*);尖旋尾属(*Oxyspirura*)

丝虫目(Filariata)

丝虫科(Filariidae):副丝虫属(*Parafilaria*);恶丝虫属(*Dirofilaria*)

丝状科(Setariidae),或称腹腔丝虫科:丝状属(*Setaria*)

盘尾科(Onchocercidae):盘尾属(*Onchocerca*)

双瓣科(Dipetalonematidae)

驼形目(Camallanata)

龙线科(Dracunculidae):龙线属(*Dracunculus*);鸟蛇属(*Avioserpens*)

无尾感器纲(Adenophorea 或 Aphasmidia):均为无交合伞线虫

毛尾目(Trichurata)

毛细科(Capillariidae):毛细属(*Capillaria*);线形属(*Thominx*);真鞘属(*Eucoleus*)

毛形科(Trichinellidae):毛形属(*Trichinella*)

毛尾科(Trichuridae):毛尾属(*Trichuris*)

膨结目(Dioctophymata)

膨结科(Dioctophymatidae):膨结属(*Dioctophyma*)

(4)棘头虫的分类(classification of acanthocephalans)

棘头虫(spiny-headed worm)指棘头动物门(Acanthocephala)的生物。与兽医相关的棘头虫分类地位如下。

原棘头虫纲(Archiacanthocephala)

少棘吻目(Oligacanthorhynchida)

少棘吻科(Oligacanthorhynchidae):巨吻属(*Macracanthorhynchus*)

古棘头虫纲(Palaeacanthocephala)

多形目(Polymorphida)

多形科(Polymorphidae):多形属(*Polymorphus*);细颈属(*Filicollis*)

3. 原虫的分类（classification of protozoans）

原虫指原生动物门（Protozoa）的动物。与兽医有关的动物寄生性原虫，其分类地位如下。

肉足鞭毛亚门（Sarcomastigophora）

鞭毛虫总纲（Mastigophora）

动鞭毛虫纲（Zoomastigophorea）

动基体目（Kinetoplastida）

锥体亚目（Trypanosomatorina）

锥虫科（Trypanosomatidae）：锥虫属（*Trypanosoma*）；利什曼属（*Leishmania*）

毛滴目（Trichomonadida）

毛滴虫科（Trichomonadidae）：毛滴虫属（*Trichomonas*）；三毛滴虫属（*Tritrichomonas*）

单尾滴虫科（Monocercomonadidae）：组织滴虫属（*Histomonas*）

双滴目（Diplomonadida）

六鞭科（Hexamitidae）：六鞭属（*Hexamita*）；贾第属（*Giardia*）

顶复亚门（Apicomplexa）

孢子虫纲（Sporozoasida）

球虫亚纲（Coccidiasina）

真球虫目（Eucoccidiorida）

艾美耳亚目（Eimeriorina）

艾美耳科（Eimeriidae）：艾美耳属（*Eimeria*）；等孢属（*Isospora*）；泰泽属（*Tyzzeria*）；温扬属（*Wenyonella*）

隐孢子虫科（Cryptosporidiidae）：隐孢子虫属（*Cryptosporidium*）

肉孢子虫科（Sarcocystidae）

肉孢子虫亚科（Sarcocystinae）：肉孢子虫属（*Sarcocystis*）；新孢子虫属（*Neospora*）

弓形虫亚科（Toxoplasmatinae）：弓形虫属（*Toxoplasma*）；贝诺孢子虫属（*Besnoitia*）

血孢子亚目（Haemospororina）

疟原虫科（Plasmodiidae）：疟原虫属（*Plasmodium*）

血变虫科（Haemoproteidae）：血变属（*Haemoproteus*）

住白细胞虫科（Leucocytozoidae）：住白细胞虫属（*Leucocytozoon*）

梨形虫亚纲（Piroplasmasina）

梨形虫目（Piroplasmida）

梨形虫亚目(Piroplasmorina)

巴贝斯科(Babesiidae):巴贝斯属(*Babesia*)

泰勒科(Theileriidae):泰勒属(*Theileria*)

纤毛虫亚门(Ciliophora)

纤毛虫纲(Ciliata)

毛口目(Trichostomatida)

毛口亚目(Trichostomatina)

小袋虫科(Balantidiidae):小袋虫属(*Balantidium*)

4. 节肢动物的分类(classification of arthropods)

节肢动物包括蜱螨和昆虫两大类,属于节肢动物门(Arthropoda)。与兽医学有关的节肢动物分类地位如下:

(1)蜱螨的分类(classification of ticks and mites)

传统的分类学将蜱螨目划分为4个亚目,分别为:蜱亚目(后气门亚目)、疥螨亚目(无气门亚目)、中气门亚目和前气门亚目(恙螨亚目),其分类地位如下。

蛛形纲(Arachnida)

蜱螨目(Acarina)

蜱亚目(Ixodides),或称后气门亚目(Metastigmata)

硬蜱科(Ixodidae):硬蜱属(*Ixodes*);血蜱属(*Haemaphysalis*);革蜱属(*Dermacentor*);璃眼蜱属(*Hyalomma*);扇头蜱属(*Rhipicephalus*);牛蜱属(*Boophilus*);花蜱属(*Amblyomma*)

软蜱科(Argasidae):锐缘蜱属(*Argas*);钝缘蜱属(*Ornithodoros*)

疥螨亚目(Sarcoptiformes),或称无气门亚目(Astigmata)

疥螨科(Sarcoptidae):疥螨属(*Sarcoptes*);背肛螨属(*Notoedres*);膝螨属(*Cnemidocoptes*)

痒螨科(Psoroptidae):痒螨属(*Psoroptes*);足螨属(*Chorioptes*);耳痒螨属(*Otodectes*)

肉食螨科(Cheyletidae):羽管螨属(*Syringophilus*)

中气门亚目(Mesostigmata)

皮刺螨科(Dermanyssidae):皮刺螨属(*Dermanyssus*)

鼻刺螨科(Rhinonyssidae):鼻刺螨属(*Rhinonyssus*);新刺螨属(*Neonyssus*)

恙螨亚目(Trombidiformes),或称前气门亚目(Prostigmata)

恙螨科(Trombiculidae):恙螨属(*Trombicula*);真棒属(*Euschongastia*);新棒属(*Neoschongastia*)

蠕形螨科(Demodicidae):蠕形螨属(*Demodex*)

(2)昆虫的分类(classification of insects)

昆虫的种类较多,已知的有 100 万种以上,但在兽医上一些重要的种,仅属于双翅目、食毛目、虱目和蚤目。

昆虫纲(Insecta)

双翅目(Diptera)

长角亚目(Nematocera)

蚊科(Culicidae):按蚊属(*Anophele*);库蚊属(*Culex*);伊蚊属(*Aedes*);阿蚊属(*Armigeres*)

蠓科(Ceratopogonidae):库蠓属(*Culicoides*);拉蠓属(*Lasiohelea*);勒蠓属(*Leptoconops*)

蚋科(Simuliidae):蚋属(*Simulium*);真蚋属(*Eusimulium*);原蚋属(*Prosimulium*)

白蛉亚科(Phlebotominae):白蛉属(*Phlebotomus*)

毛蠓科(Psychodidae)

短角亚目(Brachycera)

虻科(Tabanidae):虻属(*Tabanus*);斑虻属(*Chrysops*);麻虻属(*Haematopota*)

环裂亚目(Cyclorrhapha)

狂蝇科(Oestridae):狂蝇属(*Oestrus*);鼻狂蝇属(*Rhinoestrus*);喉蝇属(*Cephalopina*)

丽蝇科(Calliphoridae):丽蝇属(*Calliphora*);绿蝇属(*Lucilia*);依蝇属(*Idiella*)

蝇科(Muscidae):蝇属(*Musca*);螫蝇属(*Stomoxys*);角蝇属(*Lyperosia*)

虱蝇科(Hippoboscidae):虱蝇属(*Hippobosca*);蜱蝇属(*Melophagus*)

胃蝇科(Gasterophilidae):胃蝇属(*Gasterophilus*)

皮蝇科(Hypodermatidae):皮蝇属(*Hypoderma*)

麻蝇科(Sarcophagidae):污蝇属(*Wohlfahrtia*)

食毛目(Mallophaga)

毛虱科(Trichodectidae):毛虱属(*Damalinia*);猫毛虱属(*Felicola*)

短角羽虱科(Menoponidae):体虱属(*Menacanthus*);鸡虱属(*Menopon*);鸭虱属(*Trinoton*)

长角羽虱科(Philopteridae):长羽虱属(*Lipeurus*);角羽虱属(*Goniodes*);圆羽虱属(*Goniocotes*);鹅鸭虱属(*Anatoecus*);噬羽虱属(*Esthiopterum*)

虱目(Anoplura)

颚虱科(Linognathidae):颚虱属(*Linognathus*);管虱属(*Solenopotes*)

血虱科(Haematopinidae):血虱属(*Haematopinus*)

蚤目(Siphonaptera)

蚤科(Pulicidae):蚤属(*Pulex*);栉首蚤属(*Ctenocephalides*)

蠕形蚤科(Vermipsyllidae):蠕形蚤属(*Vermipsylla*)

附录 2 动物寄生虫感染器官病理变化

1. 蠕虫类感染的主要组织器官病理表现

心脏

附图 1-1 可见心脏体积增大,外形似圆,纵径增宽,心室扩张,心室壁增厚,心尖钝圆

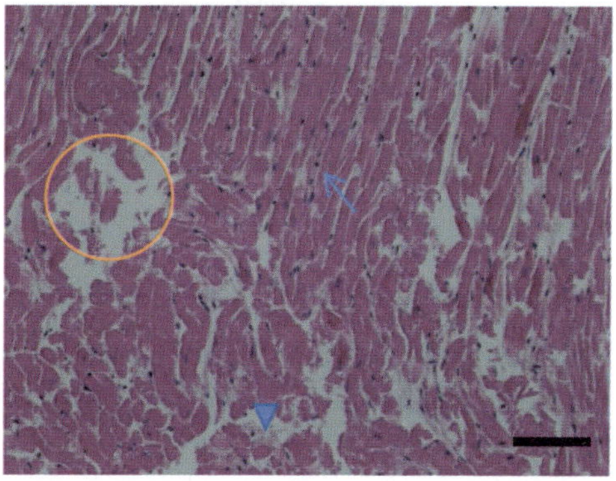

附图 1-2 镜下可见心肌纤维变性、坏死;间质增宽,以渗出为主;心肌纤维断裂(圆圈),间质中单核细胞浸润(箭头)和结缔组织增生(三角)。标尺 =50 μm

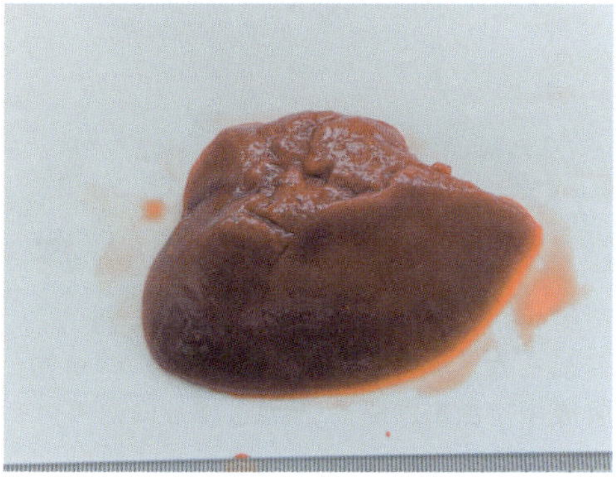

附图 1-3 可见肝脏淤血水肿,肝实质增大。表面出现土黄色斑块

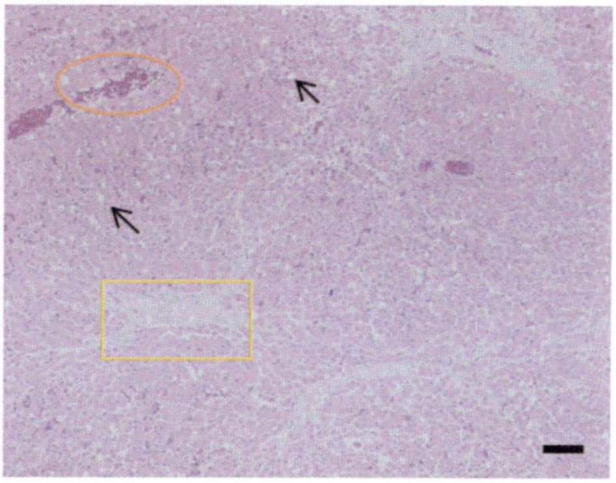

附图 1-4 镜下可见肝间质大量红细胞淤积(椭圆),部分肝细胞发生脂肪变性,胆管增生,管内淤积大量蛋白性渗出物(方框),肝细胞排列紊乱,一些肝细胞变性坏死,细胞核消失。标尺 =50 μm

脾脏

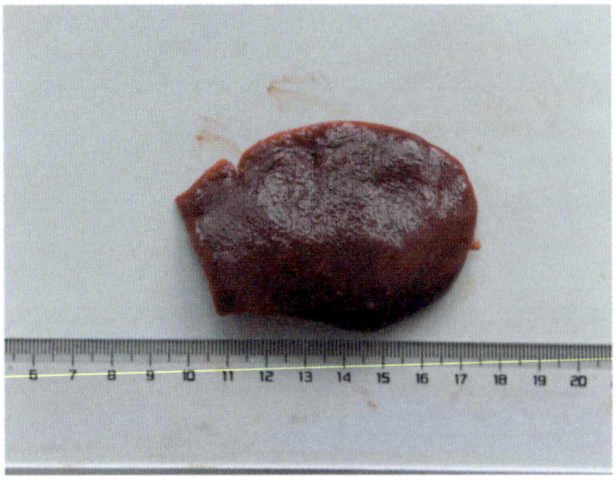

附图 1-5 可见脾脏体积增大，淤血水肿，表面深红

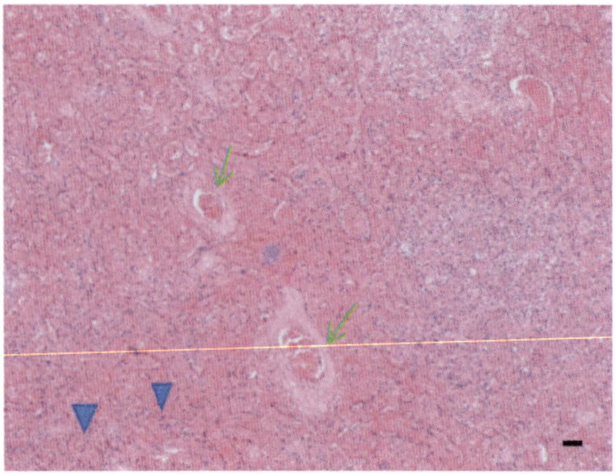

附图 1-6 镜下可见红髓白髓界限不清，脾小梁内毛细血管淤血（箭头），脾脏间质淋巴细胞大量坏死，充斥大量红细胞及各种炎性细胞（三角）。标尺 =50 μm

肺脏

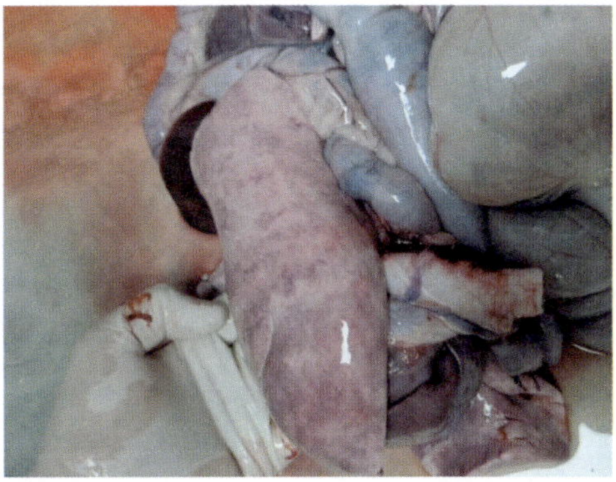

附图 1-7 可见肺尖叶表面散在的淤血斑，部分表面光滑，部分表面皱缩，实质部分水肿。肺心叶部分淤血较重，气管表面出血

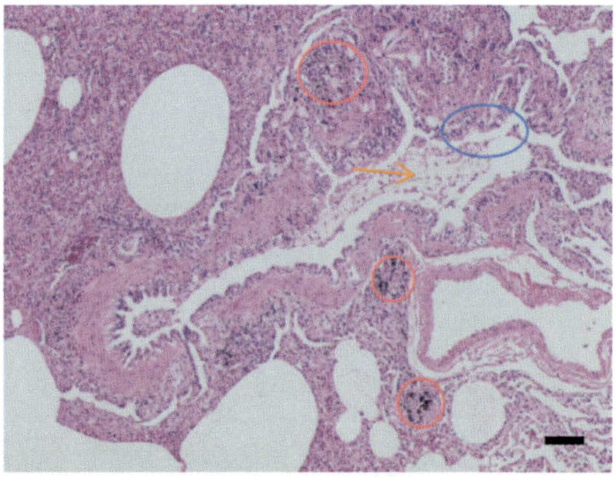

附图 1-8 镜下可见肺泡结构消失，肺泡壁增厚，间质充血。细支气管上皮变性、脱落（椭圆），管腔中炎症细胞浸润（箭头），部分肺泡隔内有黑色素沉积（圆圈）。标尺 =50 μm

肾脏

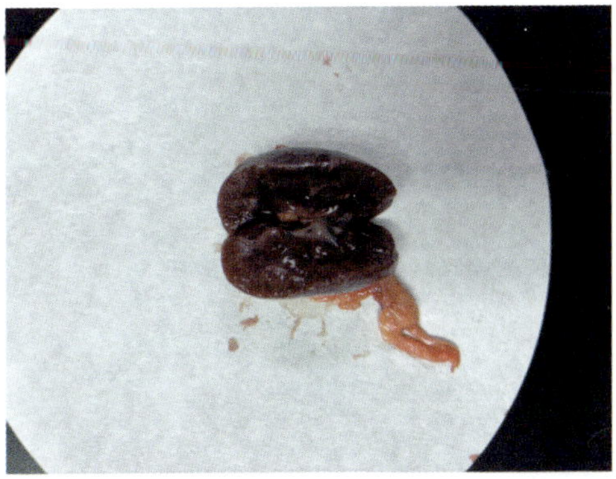

附图 1-9 可见肾脏皱缩，颜色暗红，纵向切开后可见皮质与髓质分界不清，肾盂淤血

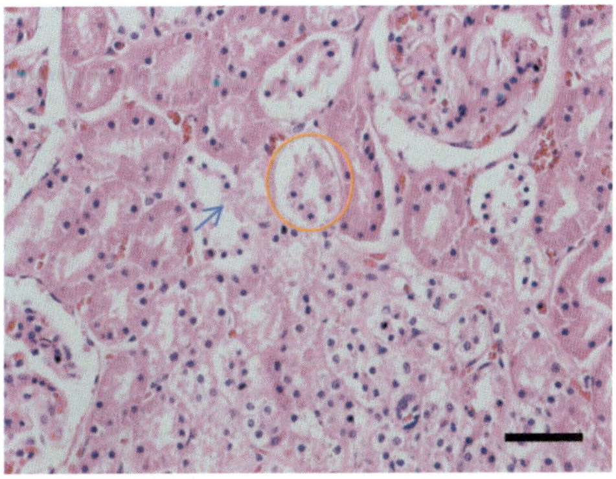

附图 1-10 镜下可见肾小管与集合管上皮细胞萎缩（圆圈），部分胞核消失，细胞坏死（箭头），肾间质出血，肾小球增大，囊腔变窄。标尺 =50 μm

肠道

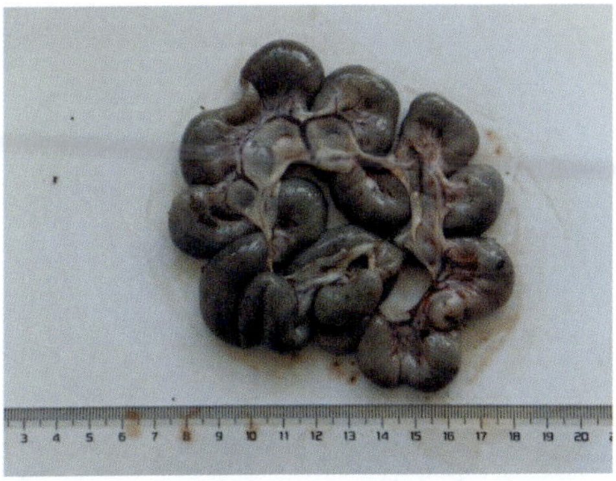

附图 1-11 可见肠系膜充血，浆膜层有出血点，肠道内因充斥气体而鼓胀

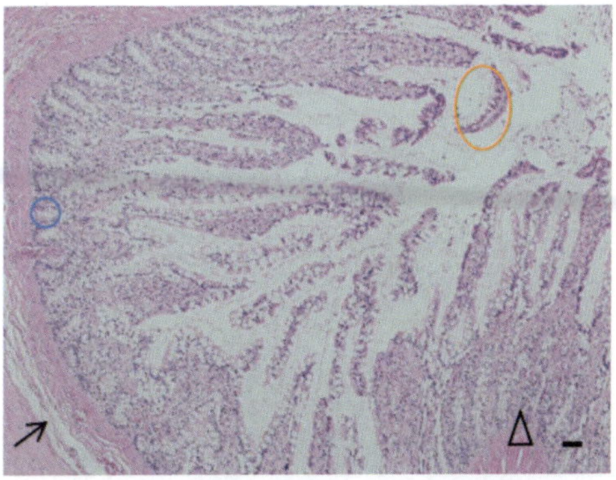

附图 1-12 镜下可见肠道绒毛上皮细胞变性坏死，绒毛脱落（椭圆），杯状细胞增多，黏膜肌层水肿增宽（箭头），肠腺坏死（圆圈），肠隐窝大量炎症细胞浸润（三角）。标尺 =50 μm

2. 原虫类感染的主要组织器官病理表现

心脏

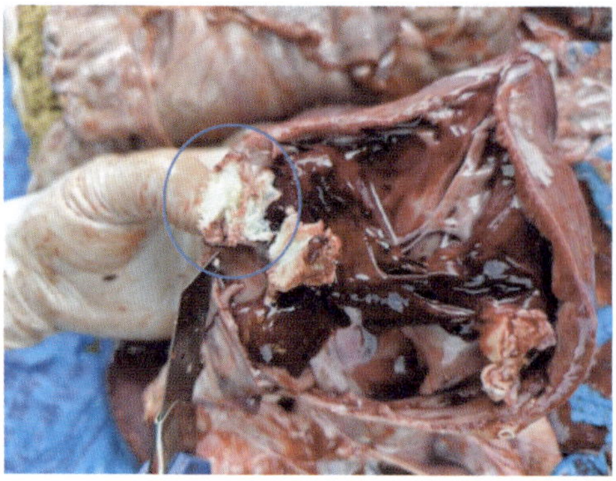

附图 2-1 可见心内膜表面有黄色脓性物质聚积（圆圈），心室壁非常薄

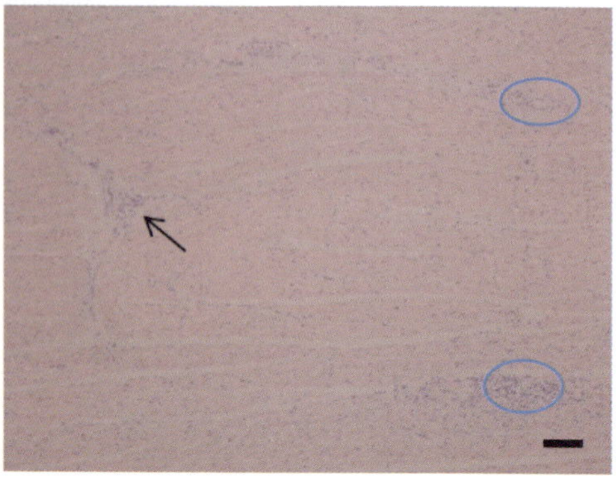

附图 2-2 镜下可见心肌纤维萎缩，间质中可见散在坏死灶（椭圆），大量炎性细胞浸润，动脉周围聚集大量单核细胞和中性粒细胞，形成血管套现象（箭头）。标尺 =50 μm

肝脏

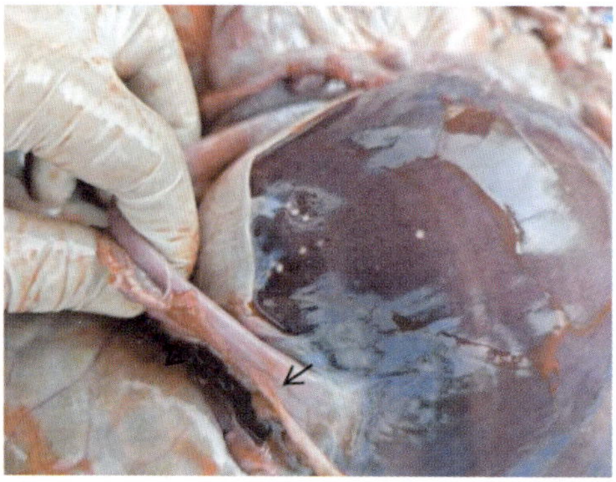

附图 2-3 可见肝脏表面和组织间质中出现质地坚硬的钙化灶（箭头），肝表面出血，部分肝实质发生坏死。肝脏被膜容易剥离

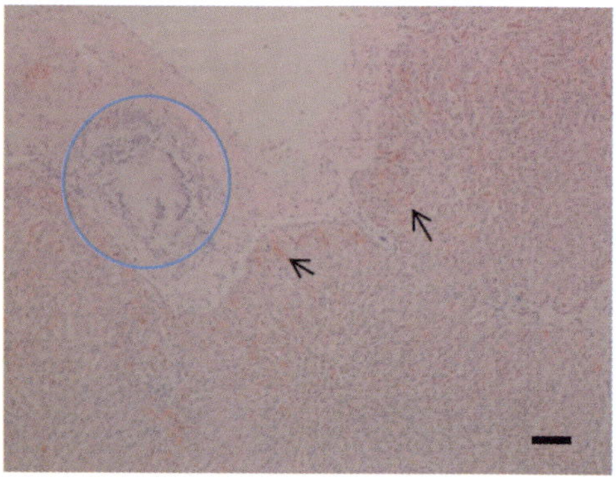

附图 2-4 镜下可见肝脏胆管内淤积大量钙化物质及炎性物质（圆圈），胆管上皮细胞增生，肝脏结构排列紊乱，间质大量炎性细胞浸润，肝索间隙淤血（箭头），部分肝细胞坏死。标尺 =50 μm

脾脏

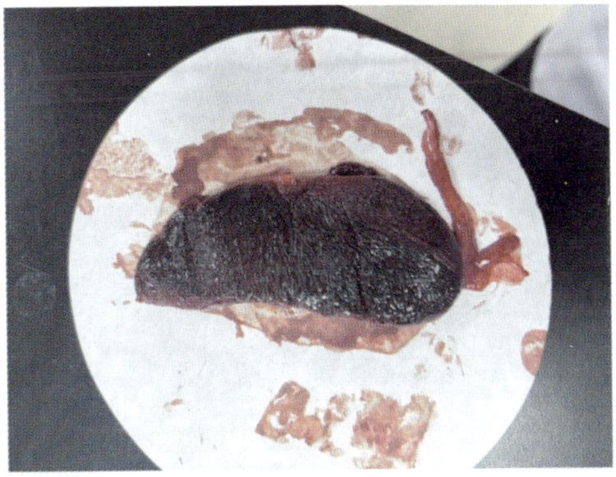

附图 2-5 可见脾脏淤血，颜色暗红，表面皱缩

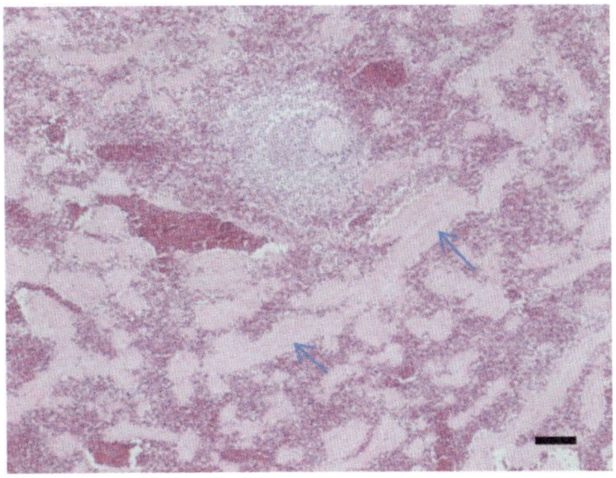

附图 2-6 镜下可见脾严重充血，组织被红细胞占据，白髓因淋巴细胞坏死而消失，脾小梁平滑肌松散、变性、大量增生。标尺 =50 μm

肺脏

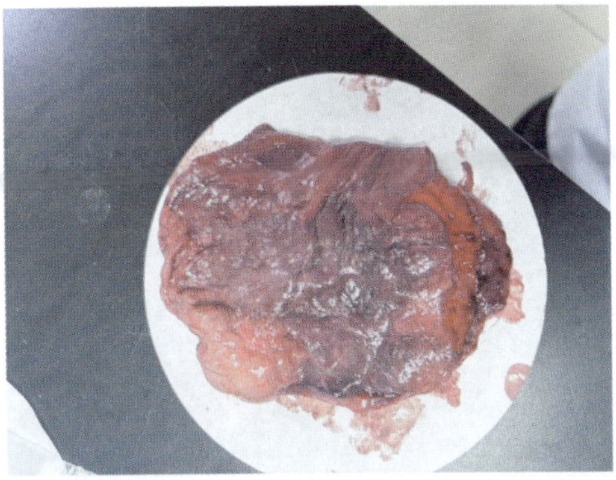

附图 2-7 可见肺脏表面坏死，实质出血，呈暗红和鲜红交错，表面凹凸不平，部分出现塌陷

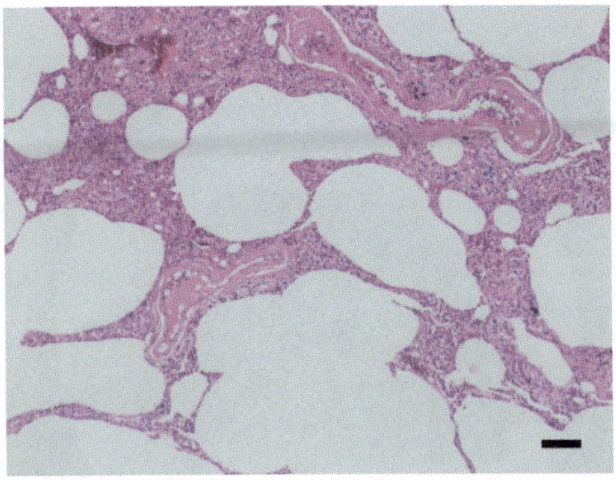

附图 2-8 镜下可见肺泡上皮细胞增生，肺泡隔增厚。动脉血管淤血，细支气管萎缩，管腔内有红细胞和炎性细胞以及蛋白性渗出物。肺间质有单核细胞和中性粒细胞浸润。标尺 =50 μm

肾脏

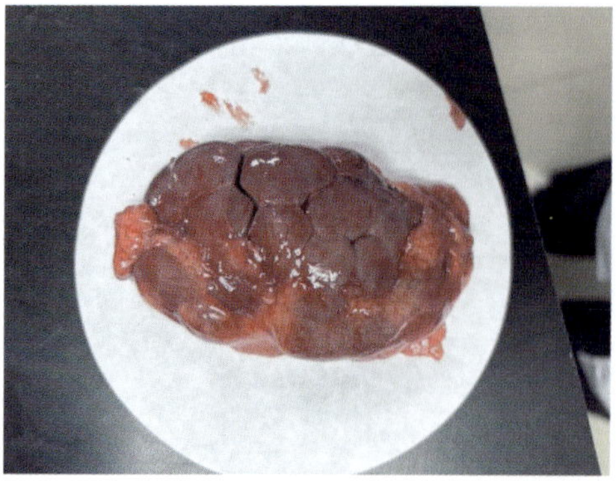

附图 2-9　可见肾脏水肿，被膜脱落，表面出血

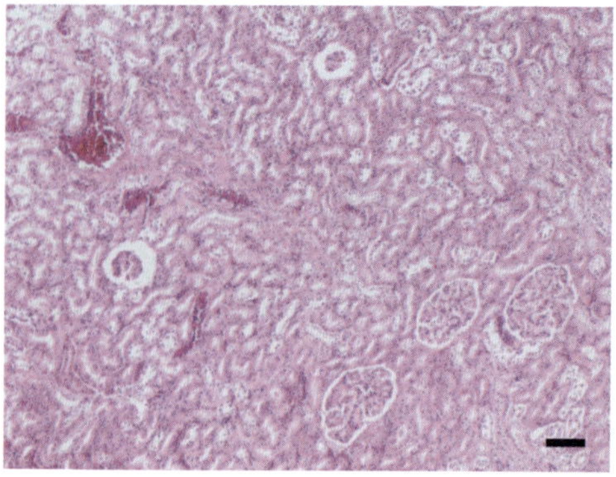

附图 2-10　镜下可见肾小管萎缩，上皮细胞变性，坏死。肾间质中结缔组织增生，有水肿液及红细胞淤积，肾小球毛细血管增生，少量单核细胞浸润，炎性反应不剧烈。标尺 =50 μm

肠道

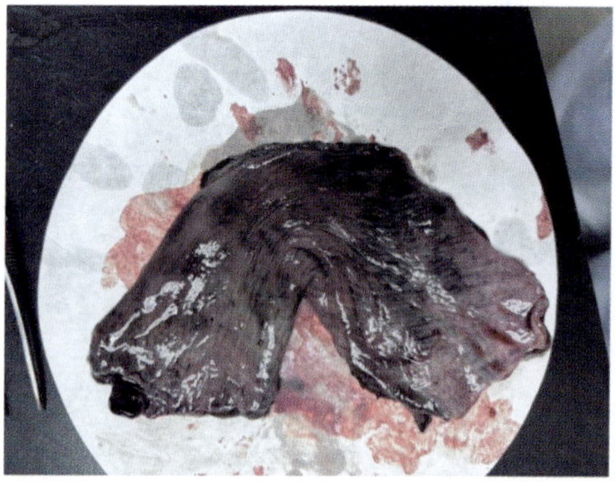

附图 2-11　可见肠道浆膜层表面严重出血坏死，颜色发黑

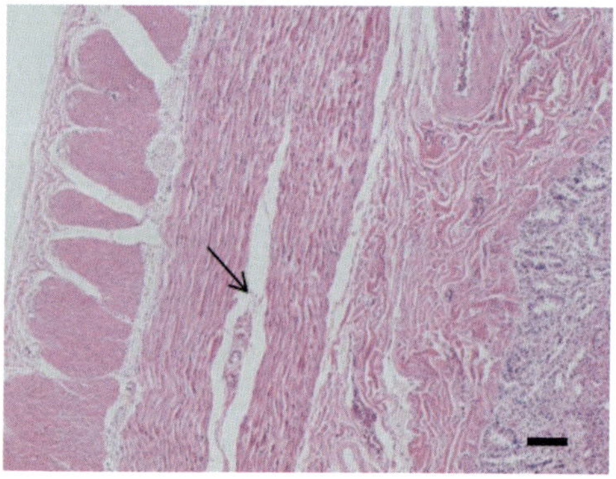

附图 2-12　镜下可见肠道浆膜层和肌层因水肿而结构疏松（箭头），毛细血管淤血，间质中少量炎性细胞浸润。标尺 =50 μm

3. 节肢动物类感染的主要组织器官病理表现

心脏

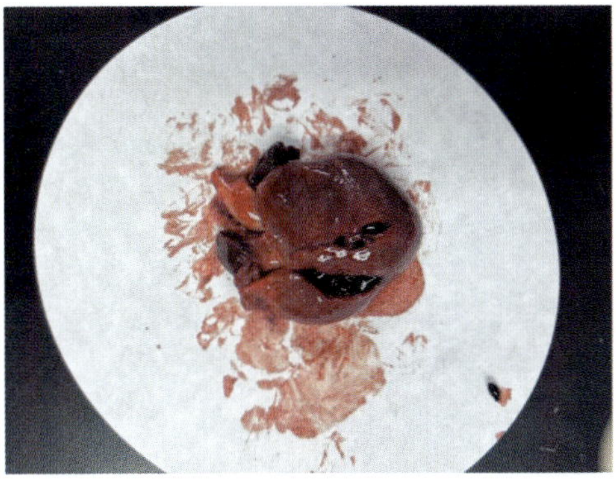

附图 3-1 可见心肌表面出血，心室有血液淤积，左心肥大，心尖钝圆

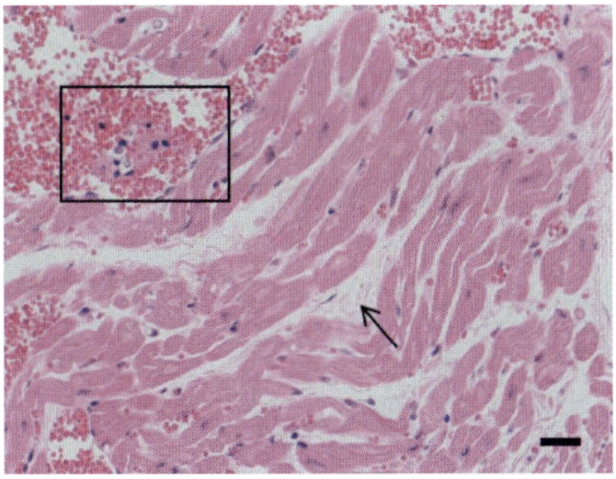

附图 3-2 镜下可见心肌纤维发生溶解性坏死，胞核溶解，心肌纤维间红细胞以及少量单核细胞浸润（方框），结缔组织增生（箭头）。标尺 =50 μm

肝脏

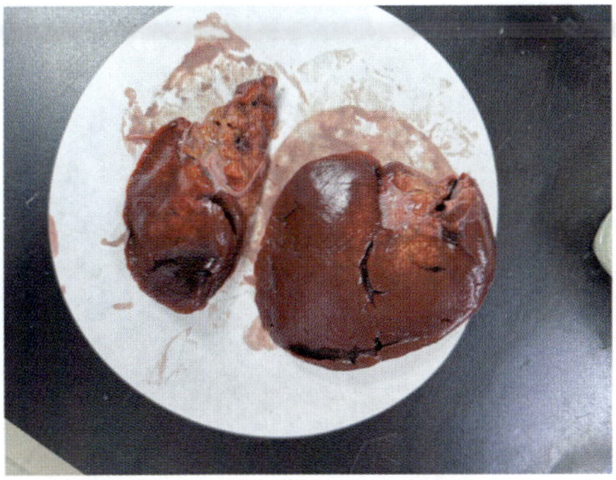

附图 3-3 可见肝脏质地坚硬，表面干皱，没有光泽，颜色深红，间质淤血，部分为土黄色

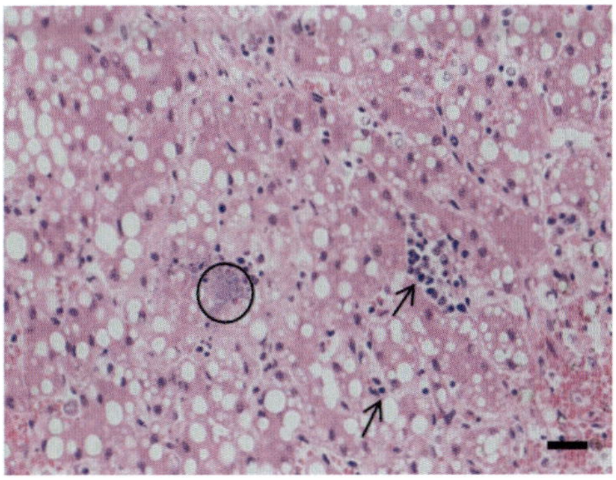

附图 3-4 镜下可见肝细胞发生脂肪变性、坏死、崩解、细胞核碎裂，肝索排列紊乱，正常肝小叶结构消失，间质有大量红细胞淤积，局部出现钙化灶，也可见散在的巨噬细胞和淋巴细胞。标尺 =50 μm

脾脏

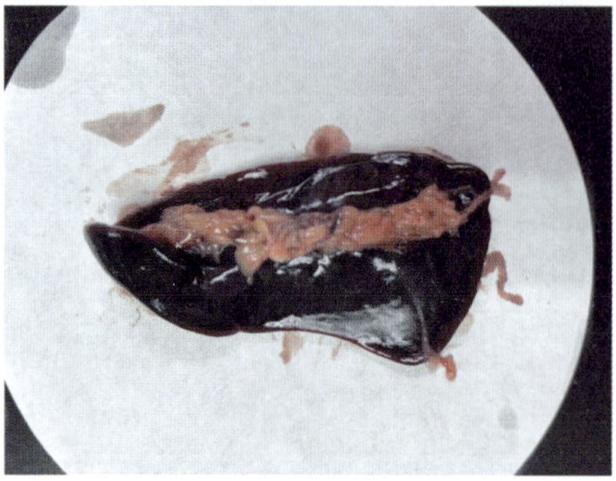

附图 3-5 可见脾脏肿大，坏死，颜色暗红

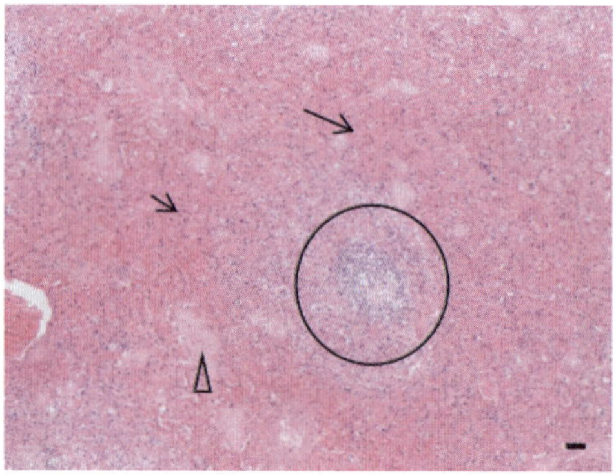

附图 3-6 镜下可见脾脏充血、出血，脾组织几乎被红细胞占据，白髓红髓界限不清，白髓淋巴细胞因坏死而减少（圆圈），大量脂褐素沉积（箭头），脾小梁增生（三角）。标尺 =50 μm

肺脏

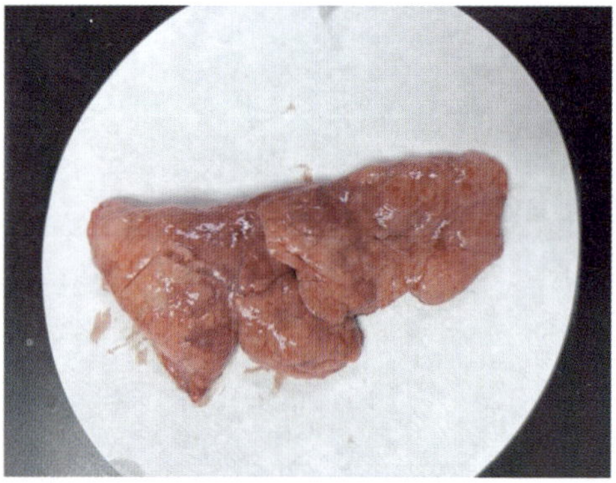

附图 3-7 可见肺脏实质发生实变，表面出现较多淤血斑甚至坏死灶

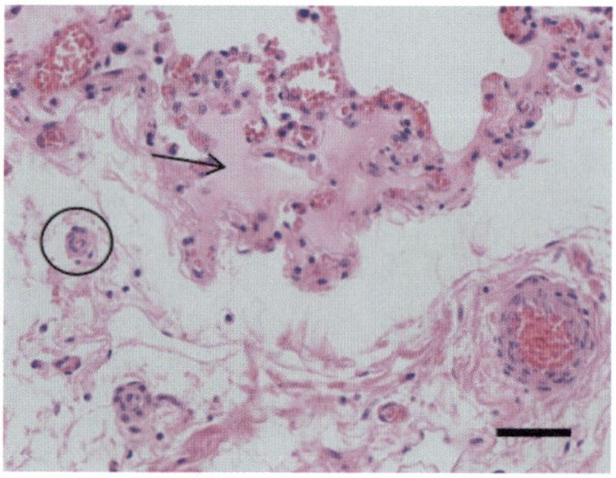

附图 3-8 镜下可见肺泡腔充满粉红色蛋白性渗出物（箭头），肺泡上皮细胞坏死脱落，肺间质炎性细胞浸润以及大量结缔组织增生，肺动脉血管增生（圆圈），淤血。标尺 =50 μm

肾脏

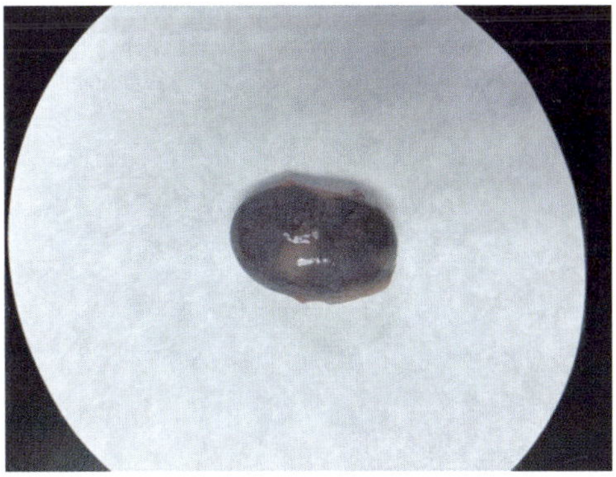

附图 3-9 可见肾脏似脱水而皱缩，颜色发紫，表面出现化脓灶

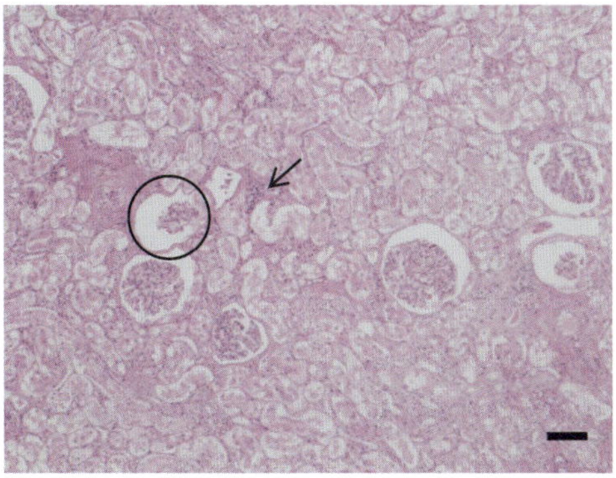

附图 3-10 镜下可见肾小管上皮变性坏死，细胞核消失，细胞溶解。管腔外有单核细胞和中性粒细胞浸润（箭头），有的肾小球发生萎缩。标尺 =50 μm

肠道

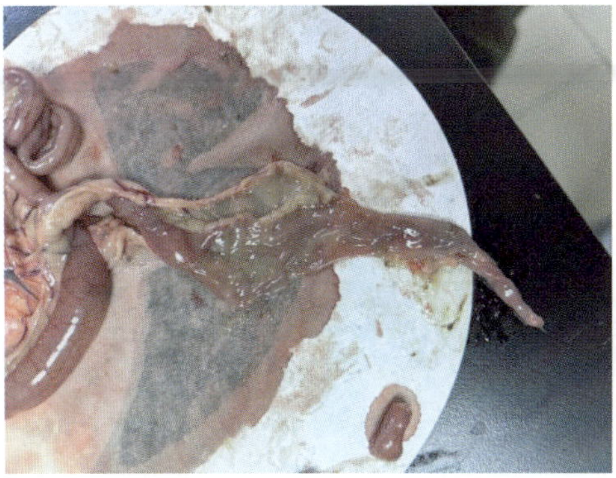

附图 3-11 可见肠道浆膜外层出血，黏膜内层出现浆液性渗出物

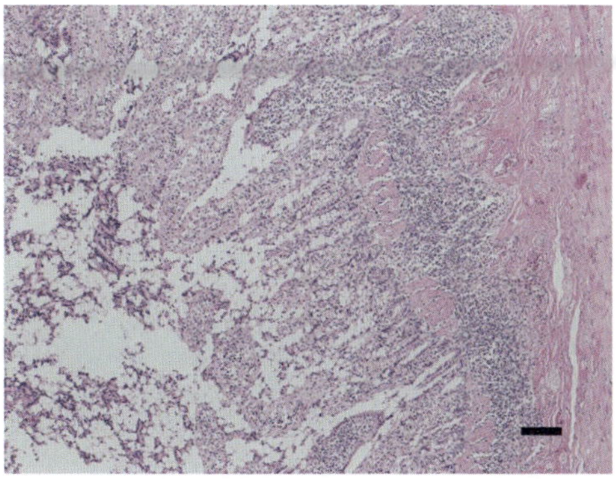

附图 3-12 镜下可见肠道绒毛上皮细胞发生变性，坏死，绒毛脱落，杯状细胞增多。绒毛间质及黏膜肌层大量炎性细胞增生。标尺 =50 μm